全国高职高专"十二五"规划教材

网页设计与制作项目案例教程
（Dreamweaver CS6）

主　编　杨丽芳　刘　琳

副主编　牟向宇　杨秀杰　苏云凤　王秀丽

中国水利水电出版社
www.waterpub.com.cn

内 容 提 要

本书以项目方式规划内容，以问题导入，引起读者的兴趣与解决问题的渴望，带着问题学习就会事半功倍。项目内容由浅入深，层层递进，每个项目内容及知识都融合于案例中，让读者在制作网页的过程中学习知识，同时也提高了技能，增长了经验。

本书共分为 11 个项目：夯实基础－网页设计与制作基础；安营扎寨－在 Dreamweaver 中创建与管理站点；美化利器－CSS 样式；基本功练习－添加网页基本元素；井然有序－应用表格；更上一层楼－DIV+CSS 布局网页；统筹兼顾－框架网页；静里有动－行为与表单；一模多用－模板与库；整装待发－测试与发布、维护与推广；综合案例－在线鲜花网站首页制作。在每个项目后还配备了思考练习与拓展训练实战题来检验读者对知识的掌握和对技能的熟练程度。本书遵循 Web 标准，强调"表现与内容相分离"的设计思想，并把这种设计思想贯穿于书中的案例；案例制作思路与步骤都进行了详尽描述。

本书可作为各类院校"网页设计与制作"课程的教材和各层次职业培训教材，也可作为网页设计与制作爱好者的自学参考书。

本书配有电子教案，读者可以到中国水利水电出版社网站和万水书苑上免费下载，网址为 http://www.waterpub.com.cn/softdown/和 http://www.wsbookshow.com。

图书在版编目（CIP）数据

网页设计与制作项目案例教程：Dreamweaver CS6 / 杨丽芳，刘琳主编. -- 北京：中国水利水电出版社，2014.8（2021.1 重印）
全国高职高专"十二五"规划教材
ISBN 978-7-5170-2146-9

Ⅰ. ①网… Ⅱ. ①杨… ②刘… Ⅲ. ①网页制作工具－高等职业教育－教材 Ⅳ. ①TP393.092

中国版本图书馆CIP数据核字(2014)第128892号

策划编辑：寇文杰　　责任编辑：张玉玲　　加工编辑：宋 杨　　封面设计：李 佳

书　　名	全国高职高专"十二五"规划教材 **网页设计与制作项目案例教程（Dreamweaver CS6）**
作　　者	主　编　杨丽芳　刘　琳 副主编　牟向宇　杨秀杰　苏云凤　王秀丽
出版发行	中国水利水电出版社 （北京市海淀区玉渊潭南路 1 号 D 座　100038） 网址：www.waterpub.com.cn E-mail：mchannel@263.net（万水） 　　　　　sales@waterpub.com.cn 电话：（010）68367658（营销中心）、82562819（万水）
经　　售	全国各地新华书店和相关出版物销售网点
排　　版	北京万水电子信息有限公司
印　　刷	三河市鑫金马印装有限公司
规　　格	184mm×260mm　16 开本　16 印张　405 千字
版　　次	2014 年 8 月第 1 版　2021 年 1 月第 6 次印刷
印　　数	14001—15000 册
定　　价	30.00 元

前　　言

　　本书是基于 Dreamweaver CS6 平台来编写的。Dreamweaver CS6 是继 Dreamweaver CS5 之后推出的完美的网站及网络应用程序制作软件，新版本趋向于易用快捷，使用了自适应网格版面创建页面，在发布前可使用多屏幕预览审阅设计，大大提高了用户的工作效率，而改善的 FTP 性能可更高效地传输大型文件。"实时视图"和"多屏幕预览"面板可呈现 HTML5 代码，用户能更方便地检查自己的工作。

　　本书在编写过程中以学习者为本，站在学习者的角度去思考在网页设计与制作学习过程中会遇到的问题，然后通过相应知识的学习来一步步解决这些问题，从而引导学习者逐步掌握网页设计与制作相关的知识与网页设计与制作的方法。通过认真分析总结提炼这些问题形成一个个项目，然后以案例贯穿于项目，让学习者在制作网页的过程中学习知识，既学到了知识，又掌握了技能，累积了经验。

　　学习网页设计与制作就像建房子，第一步就是要夯实基础，掌握网页设计与制作的基础知识，然后把站点结构搭建起来，再在站点中创建网页，搭建网页框架结构，添加网页元素，美化网页，最后测试并发布网站。本书的内容就围绕这些层层展开，步步递进，主要内容为：项目一基础知识，项目二工具的学习与建站，项目三美化利器 CSS，项目四各种网页元素的添加方法，项目五表格布局网页，项目六 DIV+CSS 布局网页，项目七框架网页，项目八行为与表单，项目九模板网页，项目十测试与发布、维护与推广，项目十一综合案例。最后的综合案例完全按照网站制作流程进行设计与制作。

　　为了巩固对知识的掌握，拓宽视野，提升技能，本书还配备了课后思考练习题，拓展训练实战题。

　　本书面向初学者，是理想的网页设计与制作首选教材。也可以作为有一定基础学习者的参考书与职业培训教材。

　　本书由杨丽芳、刘琳担任主编，由牟向宇、杨秀杰、苏云凤、王秀丽担任副主编。刘明、任航璎参与了本书的编写工作。全书统稿、定稿由杨丽芳负责完成。本书的顺利出版，还要感谢重庆电子工程职业学院计算机学院的领导和老师给予的大力支持和帮助。

　　由于编者水平有限，加之时间仓促，书中错误之处难免，敬请读者批评指正。

编　者

2014 年 5 月

目 录

项目一 夯实基础－网页设计与制作基础

【问题引入】

每天浏览很多网页，我也想做网页，可又没有什么基础，应该从何入手呢？

【解决方法】

工欲善其事，必先利其器，要想做好一个网页，必须拥有扎实的理论基础以及熟练的工具操作能力，并按规范的程式才可能达到预期的目标。在正式开始制作网页前应先夯实基础，了解一些网页设计与制作的基础知识，包括与网页相关的基本概念，网站制作的一般流程，网页编辑工具以及网页的灵魂 HTML 语言，最后再使用 HTML 语言编辑一个简单的网页进行热身。

【学习任务】

- 网页相关的基础知识
- 网站的一般制作流程
- 认识与熟悉 HTML 语言
- 使用 HTML 编辑网页

【学习目标】

- 了解网页相关的基础知识
- 了解网站的一般制作流程
- 能够简单编写与读懂 HTML 语言
- 会使用 HTML 编辑网页

1.1 任务 1：了解网页相关基础知识

任务目标：了解一些与网页相关的基础知识，包括网站与网页的概念与关系，主页与首页的区别，网页的表现形式，网页的版块结构，网页的基本构成元素，制作网页要用到的相关软件。

1.1.1 网站与网页概述

1. 网站

网站（Web Site）是一个存放网络服务器上完整信息的集合体。它包含一个或多个网页，这些网页以一定的方式链接在一起，成为一个整体，用来描述一组完整的信息或达到某种期望的宣传效果，如图 1-1 所示。有的网站内容众多，如新浪、搜狐等门户网站；有的网站只有几个页面，如个人网站。

图 1-1 新浪网站

2. 网页

网页（Web Page）实际上是一个文件，网页里可以有文字、图像、声音及视频信息等。它通过各式各样的标签对页面上的文字、图片、表格、声音等元素进行描述，然后通过浏览器对这些标签进行解释生成页面，于是就得到所看到的画面。

网页是一个单一体，是网站的一个元素。平常所说的"新浪"、"搜狐"、"网易"等，即是俗称的"网站"。而当我们访问这些网站时，最直接访问的就是"网页"了。这许许多多的网页则组成了整个站点，也就是网站。

3. 首页

首页（Home Page），它是一个单独的网页，和一般网页一样，可以存放各种信息，同时又是一个特殊的网页，作为整个网站的起始点和汇总点。例如，当浏览者输入搜狐网站地址"www.sohu.com"后出现的页面，即为搜狐网站的首页。

问题：首页和主页有区别吗？

通常网站为方便浏览者查找和分类浏览网站的信息，会将信息分类，并建立一个网页以放置网站信息的目录，即网站的主页。

并非所有的网站都将主页设置为首页，有的网站喜欢在首页放置一段进入动画，并将主页的链接放置在首页上，浏览者需要单击首页的链接进入主页。

4. 网页的表现形式

从表现形式上网页可分为静态网页与动态网页。

（1）静态网页：客户端与服务器端不发生交互，信息流向是单向的。

访问者只能被动地浏览网站建设者提供的网页内容。其特点为：网页内容不会发生变化，除非网页设计者修改了网页的内容。不能实现和浏览网页的用户之间的交互，如图 1-2 所示。

（2）动态网页：客户端与服务器端要发生交互，信息流向是双向的。

动态网页是指网页文件中包含程序代码，浏览器可以和服务器数据库进行实时数据交流的交互网页，如用户注册、用户登录、论坛发贴、搜索查询等，如图 1-3 所示。

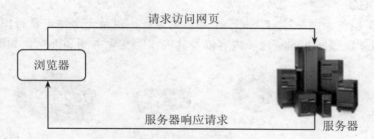

图 1-2　静态网页

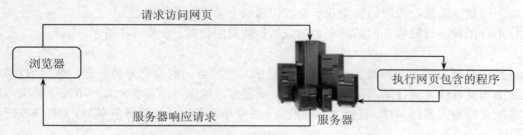

图 1-3　动态网页

1.1.2　网页的版块结构

Internet 中的网页由于设计和制作的差别而千变万化，但通常由几大版块组成，包括 LOGO、导航条、Banner、内容版块和版尾，如图 1-4 所示。

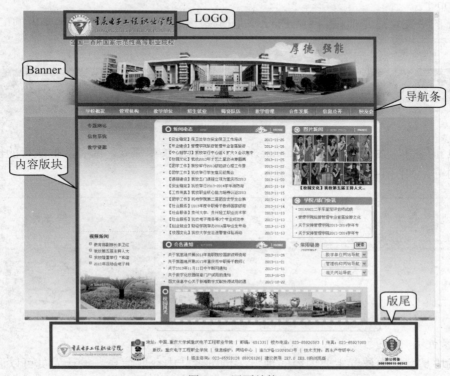

图 1-4　网页结构

1. 网站 LOGO

网站 LOGO 也称为网站标志，是一个站点的象征，也是一个站点是否正规的标志之一。网站的标志应该体现该网站的特色、内容以及其内在的文化内涵和理念，如图 1-5 所示。

图 1-5   网站 LOGO

企业网站的 LOGO 常常使用企业的标志或者注册商标。一个设计优秀的 LOGO 可以给浏览者留下深刻的印象，为网站和企业形象宣传起到十分重要的作用。

LOGO 图像一般放置在网站的左上角或其他醒目的位置，如图 1-4 所示。

2. 导航条

导航条是网页的重要组成元素。设计的目的是将站点内的信息分类处理，然后放在网页中以帮助浏览者快速查找站内信息。好的导航系统应该能引导浏览者浏览网页而不迷失方向。

导航条的形式多种多样，包括文本导航条、图像导航条以及动画导航条等，如图 1-6 所示。

图 1-6   导航条

3. Banner

Banner 的中文意思是横幅。网站 Banner 是横幅广告，是互联网广告中最基本的广告形式，如图 1-7 所示。

图 1-7   Banner

在网页布局中，大部分网页将 Banner 放置在与导航条相邻处，或者其他醒目的位置以吸引浏览者浏览，如图 1-8 所示。

图 1-8   Banner 位置

4. 内容版块

内容版块是网页中放置主要内容的地方，浏览者从中获取信息。设计人员可以通过该页面的栏目要求来设计不同版块，每个版块可以有一个标题内容，并且每个内容版块主要来显示不同信息，如图 1-4 所示。

5. 版尾或版权版块

版尾，即页面最底端的版块。这部分位置通常放置网页的版权信息，以及网页所有者、设计者的联系方式等。有的网站也将网站的友情链接以及一些附属的导航条放置在这里，如图 1-9 所示。

阿里巴巴集团 | 阿里巴巴国际站 | 阿里巴巴中国站 | 全球速卖通 | 淘宝网 | 天猫 | 聚划算 | 一淘 | 阿里妈妈 | 阿里云计算 | 云OS | 万网 | 支付宝

关于淘宝　合作伙伴　营销中心　联系客服　开放平台　诚征英才　联系我们　网站地图　法律声明　　© 2013 Taobao.com 版权所有

网络文化经营许可证：文网文[2010]040号　|　增值电信业务经营许可证：浙B2-20080224-1　|　信息网络传播视听节目许可证：1109364号

图 1-9　版尾

1.1.3　网页的基本构成要素

虽然网页种类繁多，形式内容各有不同。但网页的基本构成要素大体相同，网页设计就是要将构成要素有机整合，表达出美与和谐。

1. 文本

网页内容是网站的灵魂，网页中的信息以文本为主。无论制作网页的目的是什么，文本都是网页中最基本的、必不可少的元素。与图像相比，文字虽然不如图像那样易于吸引浏览者注意，但却能准确地表达信息的内容和含义。

2. 图像

图像在网页中具有提供信息、展示形象、装饰网页、表达个人情趣和风格的作用。图像是文本的说明和解释，在网页中适当放置一些图像不仅可以使文本清晰易读，而且可以使得网页更加有吸引力。

用户在网页中使用的图片格式主要包括 GIF、JPEG 和 PNG 等，其中使用最广泛的是 GIF 和 JPEG 两种格式。

3. 超链接

超链接是指从一个网页指向一个目标的连接关系，这个目标可以是另一个网页，也可以是相同网页上的不同位置，还可以是一个图片、一个电子邮件地址、一个文件，甚至是一个应用程序。

网站中的各页面主要通过超链接连在一起，因此在本质上超链接属于一个网页的一部分，是一种允许用户同其他网页或站点之间进行连接的元素。

4. 动画

动画具有很强的视觉冲击力和听觉冲击力，可以有效地吸引浏览者的注意力，在网页中为了更有效地吸引浏览者的注意，许多网站的广告都做成了动画形式。

网页中的动画主要有两种：GIF 动画和 Flash 动画。其中 GIF 动画只能有 256 种颜色，主要用于简单动画和图标。

5. 声音与视频

声音是多媒体网页的一个重要组成部分。用于网络的声音文件的格式非常多，常用的有 MIDI、WAV、MP3 和 AIF 等。

很多浏览器不用插件也可以支持 MIDI、WAV 和 AIF 格式的文件，而 MP3 和 RM 格式的声音文件则需要专门的浏览器播放。

1.1.4　网页设计与制作软件

网页的设计与制作包括各个元素以及版式的设计与制作，涉及到的软件有图像处理软件、动画制作软件、网页编辑软件等。

1. 网页编辑软件

（1）文本编辑器。

不仅在记事本中可以编写 HTML 代码，任何文本编辑器都可以编写 HTML。比如写字板、Word 等，但保存时必须保存为.html 或.htm 格式。

有一些文本编辑器专门提供网页制作及程序设计等许多有用的功能，支持 HTML、CSS、PHP、ASP、Perl、C/C++、Java、JavaScript、VBScript 等多种语法的着色显示，如 EmEditor、EditPlus、UltraEdit 等。

（2）Dreamweaver 网页设计软件。

Dreamweaver 是当今使用最广泛的网页编辑工具之一。

Dreamweaver 最早是 Macromedia 公司推出的网页编辑工具。它是一个所见即所得网页编辑器，支持最新的 DHTML（Dynamic HTML，动态 HTML）和 CSS 标准。采用了多种先进技术，能够快速高效地创建极具表现力和动感效果的网页，使网页创作过程变得非常简单。

2. 图像处理软件

（1）Photoshop 图像处理软件。

Photoshop 是 Adobe 公司推出的功能强大的平面图像处理软件，Photoshop 在图像编辑、桌面出版、网页图像编辑、广告设计、婚纱摄影等各行各业的广泛应用，它已成为许多涉及图像处理的行业的事实标准。

（2）Fireworks 网页图像处理软件。

Fireworks 是 Macromedia 公司发布的一款专为网络图形设计的图形编辑软件，使用 Fireworks 不仅可以轻松地制作出尺寸较小的图形，还可以制作简单的 GIF 动画。

如果将 Photoshop 比作全能的图像处理大师，那么 Fireworks 就是精于网页图像处理的专家。它在矢量图形的处理方面有其独特之处。

在 Web 应用方面，Fireworks 是最早提供切片功能的图像处理软件。Fireworks 支持在图像中绘制热区并直接生成网页文档，并且具备简单的 GIF 动画制作能力，同时支持将动画转换为 Flash 文件并嵌入到网络中播放。

3. Flash 动画设计软件

Flash 是 Macromedia 公司开发的一款优秀的网页动画开发软件，从简单的动画到复杂的交互式 Web 应用程序，它使用户可以创建任何作品。通过添加图片、声音和视频，可以使 Flash 应用程序媒体丰富多彩。

Flash 被称为"最灵活的前台"，其独特的编译方式和跨平台的能力，广泛的应用（软件、游戏、Web 应用程序、多媒体娱乐等多方面），使之逐渐成为一种重要的工具。

1.2　任务 2：了解网站建设的基本流程

任务目标：了解并掌握网站建设的基本流程以及各流程下的主要任务。

规范的网站建设应遵循一定的流程，合理的流程可以最大限度地提高工作效率。一般网站建设流程主要有需求分析、网站规划设计、收集制作网页素材、网页制作、网站发布与维护几个阶段，如图 1-10 所示。

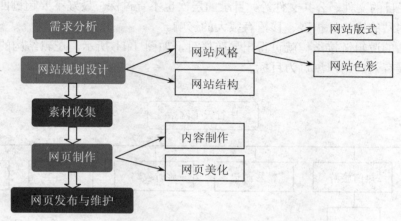

图 1-10　网站建设基本流程图

1.2.1　需求分析

网站是用来为浏览者提供信息的，因此，在创建网站前必须明确设计开发网站的目的和用户需求，弄清开发的网站有哪些类型的用户使用，各个用户又有哪些不同的需求。当然，一个网站不可能满足所有人的要求，对设计者来说，网站要有一定的特定的用户和特定任务，并对这些用户使用网站的特性进行详细的分析，为网站设计提供可靠的依据。

1.2.2　网站规划设计

网站规划是指在网站建设前对市场进行分析、确定网站的目的和功能，规划网站的整体风格、结构、设计页面版式等方面，以避免设计开发的盲目性。

1. 规划网站的整体风格

网站的整体风格是网站整体给浏览者的综合感受。它应该是网站与众不同的特色，包括网站页面字里行间透露出作者或企业的文化品味和行事风格。整体风格应与网站的主题相匹配。如网易是很快速的；迪尼斯是生动活泼的；IBM 是专业严肃的；学术机构和政府团体的网站体现出严谨、科学和庄重的气氛；商业网站应体现奢华；儿童网站的风格应有一种轻松愉快、生动活泼的气息，不能太严肃；体育类网站体现运动；个人网站体现个性化。

网站风格通过各个页面体现，包括页面的版式结构、色彩搭配、图像动画等。在各页面中最主要的是主页。

2. 规划网站结构

网站结构的规划在网站设计中占有非常重要的地位。一个结构合理的网站，不但可以提高用户的访问速度，而且对网站的持续开发，网站制作的后期维护都起着非常重要的作用。

网站的内容和链接设计都是逻辑意义上的设计，在物理意义上，网站是存储在磁盘上的文档和文件夹的组合，这些文档包括 HTML 文件以及各种格式的图像、音频和视频文件。制作网站之前最好先对各个页面文件的存放位置、各关键网页之间的关联（尤其是主页与次页）、导航机制做一个大致的规划。

　　在存放位置上，尽量不要将所有的文件都存放在根目录下，要根据网站文件的功能、地位和逻辑结构来建立树状的目录结构，存放到不同的文件夹中，如图片文件、动画文件、脚本文件、某一栏目的文件、公共文件等。目录的层次也不宜过深，最好不要超过四层。合理的目录结构对于网站的维护、扩展、移植有很大的影响。

　　规划网站的逻辑链接结构就可得出导航栏目，如图 1-11 所示。逻辑结构的设计要以最少的链接得到最有效的用户浏览为目标。

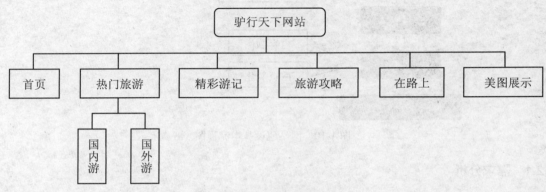

图 1-11　网站结构图

　　3. 设计网页版式

　　网页版式设计是网页设计的核心，是指根据特定的主题和内容，把文字、图形图像、动画、视频、色彩等信息传达要素界定在一个范围内，有机的、秩序的、艺术性的组织在一起。

　　版式范围。在设计网页版式时首先要考虑页面的大小，常见显示器的分辨率为 800*600 和 1024*768，除去滚动条所占的 20 像素，安全宽度应控制在 780 像素和 1004 像素之内，高度可以滚动显示，但最好也不要超过 3 屏。

　　要做好一个版式布局，也要遵循一定的原则，版式布局的基本原则为：

- 主次分明、中心突出；
- 大小搭配、相互呼应；
- 图文并茂、相得益彰；
- 适当留空、清晰易读。

　　在进行版式设计时要首先确定一个视觉中心，然后设计一个视觉流程，即把元素按一定的顺序进行主次安排，引导浏览者的视线。

　　常见的网页版式布局形式有：骨骼型、国字型、拐角型、满版型、框架型、对称型、自由型。

　　骨骼型： 网页版式的骨骼型是一种规范的、理性的分割方法，类似于报刊的版式。常见的骨骼有竖向通栏、双栏、三栏、四栏和横向的通栏、双栏、三栏、四栏等。一般以竖向分栏为多。这种版式给人以和谐、理性的美，如图 1-12 所示。

　　国字型： 口字型、同字型、回字型都可归属于此类，是一些大型网站所喜欢的类型，即最上面是网站的标题、导航以及横幅广告条，接下来就是网站的主要内容，左右分列一些小条内容，中间是主要部分，与左右一起罗列到底，最下面是网站的一些基本信息、联系方式、版权声明等。这种布局的优点是充分利用版面，信息量大，缺点是页面拥挤，不够灵活。这种结构是我们在网上见到最多的结构类型，常用于门户网站的设计，如图 1-13 所示。

图 1-12　骨骼型网页

图 1-13　国字型网页

　　拐角型： 最常见的匡型布局和 T 型布局可归于此类，在匡型布局中，上面是标题与导航，左侧是展示图片的类型，最上面是标题及广告，右侧是导航链接的类型。这种版式在韩国的网站中常见。T 布局是指页面顶部为横条网站标志与广告条，下方左面为主菜单，右面显示内容的布局，因为菜单背景色彩较深，整体效果类似英文字母 T，所以称之为 T 形布局。这种布局的优点是页面结构清晰，主次分明，是初学者最容易上手的布局方法。缺点是规矩呆板，如果在细节色彩上不注意，则很容易让人感觉枯燥无味，如图 1-14 所示。

　　满版型： 页面以图像充满整版。主要以图像为诉求点，也可将部分文字压置于图像之上。视觉传达效果直观而强烈。满版型给人以舒展、大方的感觉。随着宽带的普及，这种版式在网页设计中的运用越来越多，如图 1-15 所示。

图 1-14　拐角型网页

图 1-15　满版型网页

　　框架型： 框架型版式常用于功能型网站，例如邮箱、论坛、博客等，如图 1-16 所示。
　　对称型： 对称的页面给人稳定、严谨、庄重、理性的感受。对称分为绝对对称和相对对称。一般采用相对对称的手法，以避免呆板。左右对称的页面版式比较常见，如图 1-17 所示。

图 1-16　框架型网页

自由型：自由型的页面具有活泼、轻快的风格，如图 1-18 所示。

图 1-17　对称型网页

图 1-18　自由型网页

4. 色彩设计

在网页设计中，色彩是网页风格的灵魂，是树立网站形象的关键，也是网站设计风格的重要组成部分。

同样的版式设计，配色不同，文字样式不同，也可以呈现出多种不同的网页风格。

任何色彩都具备 3 个特征，即色相、亮度和饱和度。

（1）色相：指色彩的名称。

（2）亮度：指色彩的明暗程度。

（3）饱和度：指色彩的鲜艳程度。

不同的颜色给人们不同的心理感受，在设计网页时形成独特的色彩效果，给浏览者留下深刻的印象。

（1）红色：红色的色感温暖，性格刚烈而外向，是一种对人刺激性很强的颜色，给人以热烈、冲动、愤怒、活力的感觉。

（2）黄色：黄色是亮度最高的颜色，灿烂、辉煌，有着太阳般的光辉，具有快乐、希望、智慧和轻快的个性，黄色有金色的光芒，又象征着财富和权利。

（3）蓝色：蓝色是原始的颜色，是海洋和天空的颜色，散发着清爽、幽静、和平、理性、稳定、冰冷的意味。

（4）绿色：绿色介于冷暖两种色彩的中间，显出和睦、宁静、健康、安全的感觉。它和金黄、淡白搭配，可以产生优雅、舒适的气氛。

（5）紫色：紫色属于不冷不热的中性色，散发着神秘和高贵的色彩。

（6）橙色：橙色可以使人脉搏加快，十分活泼。它使人联想到金色的秋天，丰硕的果实，是一种富足、快乐而幸福的色彩。

（7）白色：白色具有洁白、明快、纯真、清洁的意象，通常需和其他色彩搭配使用。纯白色给人以寒冷、严峻的感觉，所以在使用纯白色时，都会掺一些其他的色彩，如象牙白、米白、乳白等。

（8）黑色：黑色具有很强大的感染力，它能够表现出特有的高贵，且经常用于表现死亡和神秘。它是许多科技产品的用色，如电视、跑车、摄影机、音响、仪器的色彩大多采用黑色。

（9）灰色：灰色具有柔和、高雅的意象，属于中间性格，男女皆能接受，所以也是永远流行的颜色。许多高科技产品，尤其是和金属材料有关的，几乎都采用灰色来传达高级、技术的形象。

几种常见的网页配色方案介绍如下。

● 暖色调。

暖色调即红、橙、黄、褐等色彩的搭配。这类色彩给人的视觉冲击感强，有扩张及迫近视线的现象，令人产生温暖的感觉，如图 1-19 所示。

图 1-19　暖色调网页

● 冷色调。

冷色调即青、绿、紫等色彩的搭配，给人的感觉弱，有收缩、退远和寒冷的印象。冷色通常让人想到蓝天、碧水等景物，有深邃严肃的感觉，如图 1-20 所示。

● 运用相同色系色彩。

相同色系色彩是指运用同一色相，不同亮度和饱和度产生的不同颜色，这种搭配的优点是易于使网页色彩趋于一致，容易塑造网页和谐统一的氛围；缺点是容易造成页面的单调，因此往往在局部加入对比运用色来增加变化，如加入局部对比色彩图片等，如图 1-21 所示。

● 使用邻近色。

所谓邻近色，就是在色带上相邻近的颜色，如绿色和蓝色、红色与黄色等就互为邻近色。采用邻近色设计网页可以使网页避免色彩杂乱，易于达到页面的和谐统一。邻近色能够神奇地将几种不协调的色彩统一起来，如图 1-22 所示。

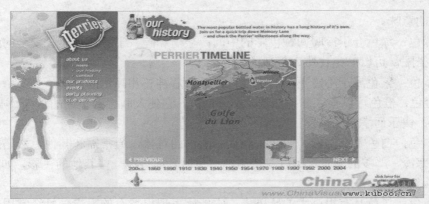

图 1-20　冷色调网页

图 1-21　同色系网页

图 1-22　邻近色网页

- 使用对比色。

对比色可以突出重点，产生强烈的视觉效果，通过合理使用对比色能够使网站特色鲜明、重点突出。一般以一种颜色作为主色调，对比色作为点缀，可以起到画龙点睛的作用。要把握

"大调和，小对比"这一个重要原则，即总体的色调应该是统一和谐的，局部的地方可以有一些小的强烈对比，如图 1-23 所示。

图 1-23　对比色网页

1.2.3　搜集资料

网站规划好后，就要根据规划搜集与主题相关的资料为网页制作做准备，要收集的资料包括：

（1）LOGO：下载或制作 LOGO；

（2）Banner：下载或制作 Banner；

（3）文字：网页内容的一些说明性文字。无论是什么类型的网站，都离不开叙述性的文字。离开了文字即使图片再华丽，浏览者也不知所云；

（4）图片：包括与网页内容的相关图片和一些标题图片或装饰性图片，网站的一个重要要求就是图文并茂；

（5）其他资料：如音乐和视频，或者一些喜欢的交互页面、开放的源代码和网页特效等。

1.2.4　网页制作

1．绘制网页伪界面

根据规划设计与收集的素材使用图形图像软件把主页的设计效果图做出来，称为网页伪界面的绘制，这样在正式做网页时才能知道网页的最后效果。

2．拆分图纸获取素材

要把设计图的效果搬到网页上，就得先将图纸拆分成需要的原料，以便在网页设计软件中组装时使用。

要通过拆分图纸获取的素材有：

（1）网页尺寸：按照设计图的尺寸来搭建网页才会符合图纸上的设计。

（2）背景图：背景图可能是大面积重复的图案，也可能仅为一张图片。

（3）装饰图：一些可以为网页增添细节和亮点的小图标以及花边、边框、图形文字。

（4）内容图片：与内容相关的图片。

一般是在图形图像软件中对效果图进行切图获得素材。

3．布局网页搭建框架

根据提取的尺寸在网页设计软件中搭建网页的框架。页面布局方式有：表格布局、框架布局、DIV+CSS 布局。

（1）表格布局：使用表格进行布局比较简单，它可以很快地把内容放置到需要的位置。对表格单元格进行合并或拆分以及在表格中嵌套表格等，从而得到需要的布局。但当使用过多表格时，页面下载速度将会受到影响，并且灵活性较差，不易修改和扩展。

（2）框架布局：使用框架可以将浏览器窗口划分为多个区域，每个区域可以分别显示不同的网页。框架结构常被用在具有多个分类导航或多项复杂功能的网页上。由于框架集中相同的内容只用下载一次，所以能减少页面下载的时间，但兼容性略差。

（3）DIV+CSS 布局：DIV 为块标签，它是一个容器，可以在里面放置各种内容，CSS 是层叠样式表，是一种格式化网页的标准方式，控制网页的外观与格式。用 DIV+CSS 方式进行网页布局，就是用 DIV 块把各部分内容划分到不同的区块，然后用 CSS 来定义块的位置、大小、边框、内外边距、排列方式等，简单地说，DIV 用来搭建网站框架，CSS 用于创建网站表现。其优势在于：表现与内容相分离，代码简洁，易于维护与改版。

4．内容填充

内容填充是指把效果图中包含的元素放置到相应的位置组装成与效果图类似的页面。

5．网页美化

网页美化是对前期所做的网页的修饰，是提升网站可观赏性的一个非常重要的手段，是网站建设中一个非常重要的环节。包括设置网页的背景颜色或背景图像、内容的排版等。

1.2.5　测试发布与管理维护

网页制作完成后，要先对各个链接进行测试，在测试无误后就上传到服务器上进行发布。网站上传后，也要在浏览器中打开网站，逐页逐个链接的进行测试，发现问题，及时修改，然后再上传测试。

站点发布后还要经常对站点进行维护。站点维护是指不断优化网站功能和更新网页内容。维护网站的目的是使网站的结构规划合理、内容与形式统一、主题鲜明，经常更新网页内容，让网站与时俱进。

1.3　任务 3：学习 HTML 标记语言

任务目标：在本任务中主要学习 HTML 的一些基础知识，包括 HTML 的概念，HTML 的结构与语法以及常用的 HTML 标签。本任务内容没有面面俱到，学习中也不需要死记硬背，只需要掌握 HTML 的结构与语法以及一些常用的标签，在以后的制作过程中再边做边学，即可以达到事半功倍的学习效果。

1.3.1　HTML 概念

HTML（Hyper Text Markup Language，超文本标识语言），是一种用来制作超文本文档的简单标记语言，专门用于创建 Web 超文本文档的编程，它能告诉 Web 浏览程序如何显示 Web 文档（即网页）的信息，如何链接各种信息。打开任意一个网页，查看其源文件，都是由 HTML 语言组成的文本文档，如图 1-24 所示。

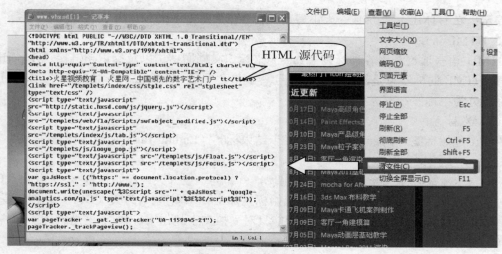

图 1-24 网页源文件

用 HTML 编写的超文本文档称为 HTML 文档。

1.3.2 HTML 的结构与语法

1. HTML 的结构

HTML 页面以<html>标签开始，以</html>结束。在它们之间，包括 head 和 body，如右所示。head 部分用<head>…</head>标签界定，一般包含网页标题、文档属性参数等不在页面上显示的网页元素。body 部分是网页的主体，内容均会反映在页面上，用<body>…</body>标签来界定，页面的内容组织在其中。页面的内容主要包括文字、图像、动画、超链接等。

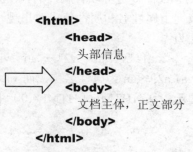

```
<html>
    <head>
        头部信息
    </head>
    <body>
        文档主体，正文部分
    </body>
</html>
```

下面是一个最基本的超文本文档的源码，在记事本中编写后另存为"我的第一个网页.html"，运行效果如图 1-25 所示。

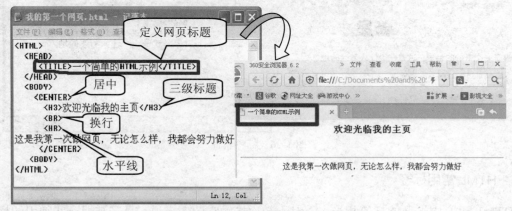

图 1-25 我的第一个网页

提示：在 HTML 中是不区分大小写的，但在 XHTML（HTML4.0）中必须是小写。

2. HTML 语法

HTML 语言通过利用各种标签（Tags）来标识文档的结构以及标识超链接（Hyperlink）的信息。HTML 的标签总是封装在由小于号（<）和大于号（>）构成的一对尖括号之中。HTML 中的标签分为单标签和双标签。

（1）双标签。

由一个起始标签（Opening Tag）和一个结束标签（Ending Tag）所组成。语法为：

　　　　<x>受控文字</x>

其中，x 表示标签名称。<x>和</x>成对出现，就如同一组开关：起始标签<x>为开启（ON）的某种功能，而结束标签</x>（通常为起始标签加上一个斜线/）为关（OFF）功能，受控制的文字信息便放在两标签之间，标签的功能只对受控文字起作用，如<i>这是斜体字</i>。

（2）单标签。

大部分的标签为双标签，也有部分标签是单独的，称为单标签。语法为：

　　　　<x>

单标签没有关闭，即没有结束标签，如
。

提示：在 XHTML（HTML4.0）中要求所有的标签必须都关闭，单标签应以/结尾，语法为<x/>。

（3）标签属性。

HTML 标签是可以有属性的，一般都出现在 HTML 起始标签中，是 HTML 标签的一部分。标签属性由属性名和属性值成对出现，一个标签可以有多个属性，如图 1-26 所示。标签属性的语法为：

　　　　<x a1="v1",a2="v2",…,an="vn">受控文字</x>

其中，a1,a2,…,an 为属性名称，而 v1,v2,…,vn 则是其所对应的属性值。

提示：在 XHTML（HTML4.0）中要求所有的属性必须要加双引号。

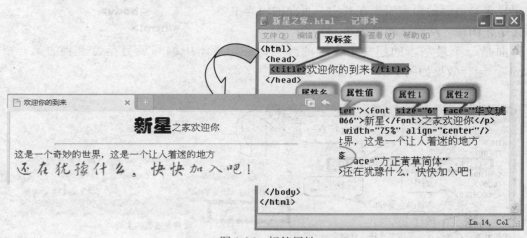

图 1-26　标签属性

1.3.3　HTML 常用标签

HTML 语言中涉及的标签相当多，对于初次接触它的人来说，只需掌握一些常用的标签。在今后的学习过程中，再逐渐深入学习。

在制作页面的过程中，常用的标签，主要有以下几种。

1. 文本标签

文本标签是网页中控制文本显示与排版的，主要包括标题、段落、换行、列表和水平线。

（1）标题标签<Hn>。

标题标签<Hn>，其中 n 为标题的等级，HTML 总共提供六个等级的标题<h1>到<h6>，n 越小，标题字号就越大，如图 1-27 所示。

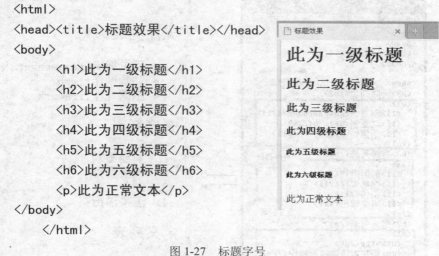

```
<html>
<head><title>标题效果</title></head>
<body>
        <h1>此为一级标题</h1>
        <h2>此为二级标题</h2>
        <h3>此为三级标题</h3>
        <h4>此为四级标题</h4>
        <h5>此为五级标题</h5>
        <h6>此为六级标题</h6>
        <p>此为正常文本</p>
</body>
    </html>
```

图 1-27 标题字号

（2）段落标签<p>。

段落标签用于创建段落，段落的开始由<p>来标记，段落的结束由</p>来标记。段落内可以有其他的元素，如图片，因此段落内也可以包含其他的标签，如图片标签、换行标签、链接标签等，如图 1-27 所示。

（3）换行标签
。

换行标签是单标签，它的作用是强制换行，如图 1-28 所示。

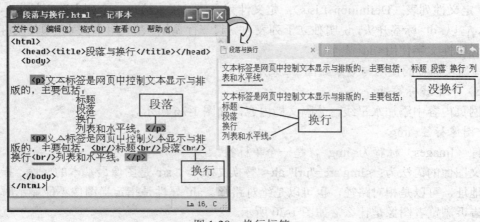

图 1-28 换行标签

<p>与
的区别：

1）<p>不能产生多个空行，而
则可在内容之间设置多个空行，即形成空白。

2）<p>是断段，而
是断行。

（4）列表标签。

列表分为 3 种：无序列表、有序列表、定义性列表。

1）无序列表（Unordered Lists）：无序列表以<ul>标签开头，每个项目以<li>开始。列表项在浏览器显示时，前面有黑色的圆点，如图 1-29 所示。

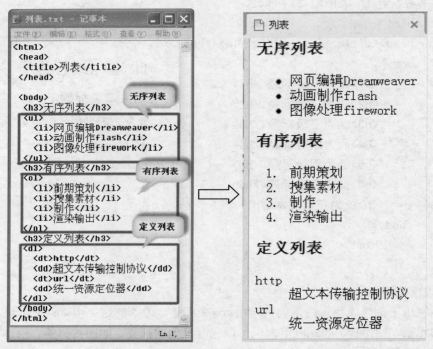

图 1-29   列表标签

2）有序列表（Ordered Lists）：有序列表每个项目前都有数字或字母标记，以<ol>标签开始，每个项目以<li>开始。

3）定义性列表（Definition Lists）：定义性列表可以用来给每一个列表项再加上一段说明性文字，它以<dl>标签开头，说明独立于列表项另起一行显示。在应用中，列表项使用标签<dt>标明，说明性文字使用<dd>表示。

3 种列表标签的使用与效果如图 1-29 所示。

（5）水平线标签<hr>。

在网页内容中添加水平线，分隔文档内容，如图 1-26 所示。

2. 图像标签<img>

图像（Images）标签为<img>，是一个单标签。

定义图像的语法为：<img src="url" alt="替换文本"/>，src 是图像最基本的属性，指向图像存放的地址，可以是相对路径，也可以是绝对路径。alt 属性是指定当图像不能显示时的替换文本，告诉浏览者图像是什么，如图 1-30 所示。

3. 超链接标签<a>

超链接是非常重要的标签，使用超链接可以从 A 页面转到 B 页面，如在新闻网站，我们看到标题觉得感兴趣，鼠标单击然后进入另外页面了解详情，这就是超链接。超链接语法为：

　　　　　　　<a href="链接地址"　target="目标" >带链接的文字或其他元素</a>

其中 href：要链接到的地址，可以是网址也可以是文件；target：打开目标方式。

有四种打开方式，分别为：

（1）_blank：在新的空白页中打开；

（2）_parent：在上一级窗口中打开；

（3）_self：在本窗口中打开；

（4）_top：在最顶层的窗口中打开。

此属性为可选，如果不定义这些属性，默认是在本窗口（_self）打开。

实例：<a href="http://www.baidu.com/" target="_blank" >去百度</a>，单击"去百度"文字，页面跳转到百度首页，如图 1-30 所示。

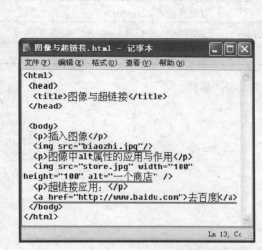

图 1-30　图像与超链接标签

4．表格标签<table>

表格（Tables）在网页中一方面可以用于放置数据，另一个重要的应用是用于排版。

表格标签以<table>开始，以</table>结束。表格由行、列和单元格组成。在 HTML 中一个表格被划分为若干行<tr>，然后每个行被分为若干单元格<td>，如图 1-31 所示。

表格的属性众多，包括表格的属性，行的属性以及单元格的属性。表格、行与单元格有些属性是一样的，比如宽与高，背景颜色与背景图像、对齐方式等。基本属性如图 1-31 所示。

5．表单标签<form>

表单标签为用于实现网页浏览者与服务器（或者说网页所有者）之间信息交互的一种页面元素，比如网页上的注册与登录、论坛发贴、上传文件等都是由表单来制作的。

表单由一些控件组成，如文本框、密码框、单选按钮、复选框、下拉菜单、文件域、多行文本框等，访问者可以在表单的控件中输入信息，然后提交给服务器，不过这种交互需要服务器端的程序支持。

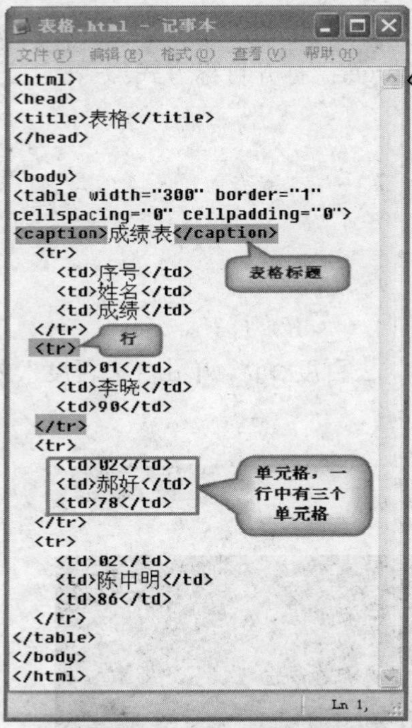

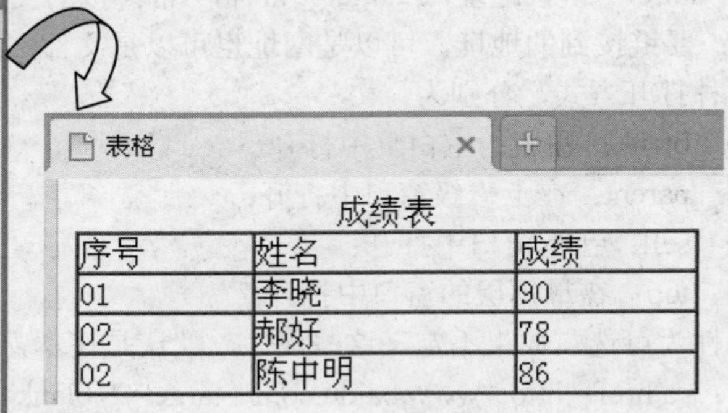

表格基本属性

width	宽度	cellspacing	单元格间距
height	高度	cellpadding	单元格边距
border	边框宽度	bagcolor	背景颜色
bordercolor	边框颜色	background	背景图像
align	对齐方式		

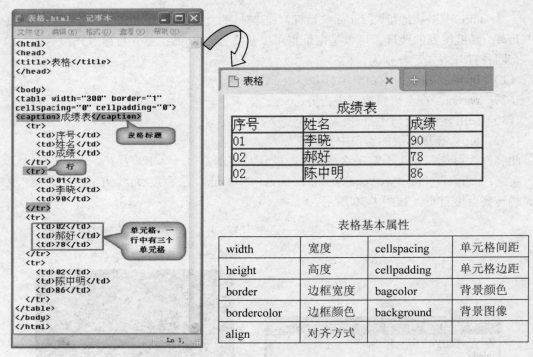

图 1-31　表格标签与属性

表单由<form>标签定义，其结构为：

<form>

　　<控件标签符 1>

　　<控件标签符 2> ……

</form>

范例如图 1-32 所示。

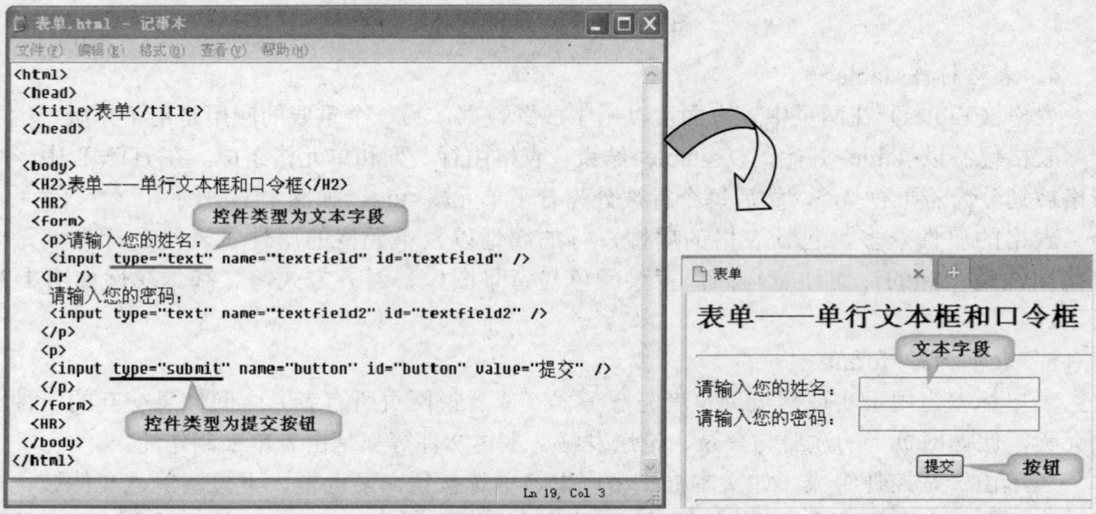

图 1-32　表单标签

6. 注释

添加注释可以方便阅读和查找比对，方便其他人了解你的代码，在注释标签内的内容不会在浏览器上显示，注释的语法为：

　　　　<! --注释内容-->

范例如图 1-33 所示。

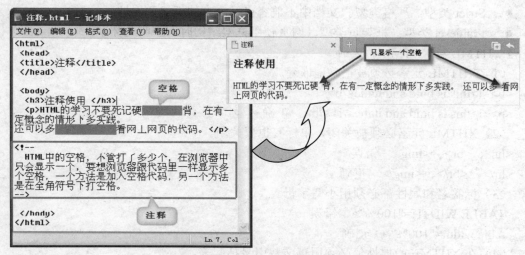

图 1-33　注释标签

提示：以上的标签为最常用的标签，在这里只讲解了最基本的语法，要想全面系统地学习，可以访问 http://www.w3school.com.cn/html/进行学习。还可以通过阅读网上的网页源码进行快速学习与提高。

1.3.4　HTML 与 XHTML

1. XHTML

XHTML 是（The Extensible Hyper Text Markup Language，可扩展超文本标识语言）的缩写。HTML 是一种基本的 Web 网页设计语言，XHTML 是一个基于 XML 的置标语言。XHTML与 HTML4.0 差不多，那为什么要用 XHTML 呢？

HTML 发展到今天存在以下 3 个主要缺点不能适应现在越来越多的网络设备和应用的需要。

（1）手机、PDA、信息家电都不能直接显示 HTML；

（2）由于 HTML 代码不规范、臃肿，浏览器需要足够智能和庞大才能够正确显示 HTML。

（3）数据内容与表现样式混杂，这样页面要改变显示，就必须重新制作 HTML。

一个标准的 XHTML 文档，必须以 DOCTYPE 标签作为开始，DOCTYPE 用于定义文档类型。对于 XHTML 而言，可以选择三种不同的 XHTML 文档类型，请看下面的代码：

<!DOCTYPE html PUBLIC "-//W3C//DTD XHTML 1.0 **Transitional**//EN" <!- - 说明：该段为指定文
"http://www.w3.org/TR/xhtml1/DTD/xhtml1-**transitional.dtd**">　　　　档类型为 **Transitional**>
<html xmlns="http://www.w3.org/1999/xhtml">　<!- - 说明：该句为确定名字空间，xml 中用到>
<head>
<meta http-equiv="Content-Type" content="text/html; charset=utf-8" /> <!- - 说明：该句是声明编码语
言为：简体中文>
<title>无标题文档</title>

```
</head>
<body>
</body>
</html>
```

- Transitional 类型：过渡类型。兼容以前版本定义、而在新版本已经废弃的标记和属性（建议使用）。
- Strict 类型：严格类型。文档中不兼容已经废弃的标记和属性。
- Frameset 类型：框架页类型。网页使用框架结构时，声明此类型。

2. HTML 与 XHTML 的区别

（1）XHTML 元素必须被正确地嵌套。

<b><i>this is bold and italic</b></i>　错误

<b><i>this is bold and italic</i></b>　正确

（2）XHTML 元素必须被关闭，单标签也要关闭。

<hr>、
、<img>　错误

<hr/>、
、<img/>　正确

（3）标签名和属性都必须用小写字母。

<TABLE WIDTH="100%">　错误

<table width="100%">　正确

（4）在 XHTML 中属性值必须用英文双引号括起来。

<table width=100%>　错误

<table width="100%">　正确

（5）XHTML 文档必须拥有根元素。

所有的 XHTML 元素必须被嵌套于 <html> 根元素中。其余所有的元素均可有子元素。子元素必须是成对的且被嵌套在其父元素之中。基本的文档结构如下：

```
<html>
        <head>…</head>
        <body>…</body>
</html>
```

1.4　任务 4：HTML 网页简单实例——相约春天

任务目标：为了更好地理解 HTML，本实例使用最简单的文本文档工具记事本，通过手动编写 HTML 代码来创建一个简单的网页。

1.4.1　案例效果展示与分析

【效果展示】本案例最终效果如图 1-34 所示。

【分析】从效果图上可以看出此页面从上往下由三部分组成，顶部是一幅图像，中间为文本内容，底部为版权声明。网页布局采用表格布局，需要一个 3 行 1 列的表格即可。第二个单元格有浅绿色背景，文本"春天"居中，字号偏大，应该是标题文本，后面的文本为段落文本。第三个单元格有绿色背景，版权声明文本居中。网页上的所有文本为白色。

图 1-34 案例效果

1.4.2 网页制作

1. 创建网页结构

（1）在计算机系统中，执行"开始"｜"程序"｜"附件"｜"记事本"命令，打开记事本。

（2）输入代码创建 HTML 文档结构，具体代码如下：

```
<html >
  <head>
    <title>简单网页</title>
  </head>
  <body>
  </body>
</html>
```

（3）插入表格布局网页。光标定位在<body>与</body>之间，插入一个 3 行 1 列的表格，代码如下所示：

```
<body>
<table>
  <tr>
    <td></td>
  </tr>
  <tr>
    <td></td>
  </tr>
  <tr>
    <td></td>
  </tr>
```

```
        </table>
    </body>
```

2．添加内容

在第一个单元格中插入图像，在第二个单元格中输入如图 1-34 效果图中的文本，在第三个单元格中输入版权声明文本。根据分析代码如下：

```
<table>
    <tr>
        <td><img src="images/banner.gif"></td>
    </tr>
    <tr>
        <td><h1>春天</h1>
        <p>  春天是一个充满诗情画意的季节，古往今来人们几乎用尽了所有美好的词语诗句来形容
和赞美春天。春天踏着轻盈的脚步走来了，它给大地穿上了一层绿色的服装，使大地焕然一新，满
园春色，春天给人们带来了无限的欢乐和希望，给人们带来了勃勃的生机和活力，催促我们奋发向
上。我爱这迷人的春天。</p>
        <p>  春天，它就好像一个天真活泼的小姑娘，拿着一只彩色的神笔，到处欢快地画着。画出了一
幅幅幸福美好的生活画面，画出了人生的美好梦想和前景。画出了你的追求和理想----</p>
        <p>  春天，是暖人心脾的，暖暖的春风吹来了，让人们在经历了冬天的寒冷后，感觉到了它那特
别的温暖。温暖了你的身体，温暖了你的心扉-------</p>
        <p>  春风吹过大地，大地变成一幅清新美丽的图画：各种花草树木在春风的吹拂下慢慢地生长起
来了。大地变绿了，柳树发芽了，衬托着红的、白的、黄的、紫的……五颜六色的野花，多美呀！
春风吹来，那清新的花草气息，沁人心肺，无论是谁，都会深深地吸上一口，像痛饮甘露一样畅快。
春天是一幅多么美妙的图画啊，我用一生赏析你。</p>
        <p>  春天常常带给人一种心旷神怡的感觉，如果你到大自然里去品味春的气息，会给你增添无穷
的力量，春天给人们带来了希望和美好。人们在春天播下了希望的种子，等待着秋的收获。春天是
花的世界，是一切美的融合，是一切色彩的总汇。</p>
        <p>  春天的雨更是绵绵的、柔和的。它滋润着大地、抚摸着大地，小声地呼唤着大地，在人们不
知不觉的时候，它悄悄地汇成了小河，积成了深潭，流入了大海。</p>
        <p>  春天真是太美了，它的美是含蓄的、羞涩的、高雅的，它美得自然、美得真实，美得洒脱，
没有一丝一毫的虚假，让我们赞美和拥抱这美丽的春天吧！</p></td>
    </tr>
    <tr>
        <td>copyright&copy;2004-2015</td>
    </tr>
</table>
```

说明：每一段前面的首行缩进空格要在全角状态下按两次 Space 键输入。

内容添加完毕，效果如图 1-35 所示。

3．添加属性美化网页

（1）添加表格对齐属性，让表格居中；添加表格宽度属性，设置表格即网页的宽度；添加属性设置表格无边框、填充（单元格边距）为 0、间距（单元格间距）为 0。具体代码如下：

```
<table align="center" width="750" border="0" cellpadding="0" cellspacing="0">
```

（2）为第二行单元格添加背景属性设置背景色；添加高度属性设置单元格高度。代码为：

```
<td height="576" bgcolor="#8CB519">
```

（3）为标题 1"春天添加"对齐属性，让其居中显示。代码为：<h1 align="center">

（4）为第三行单元格添加背景颜色属性；添加对齐属性设置文本居中显示；添加高度属性设置其高度。代码为：<td height="50" align="center" bgcolor="#679E29">

春天

　　春天是一个充满诗情画意的季节，古往今来人们几乎用尽了所有美好的词语诗句来形容和赞美春天。春天踏着轻盈的脚步走来了，它给大地穿上了一层绿色的服装，使大地焕然一新，满园春色。春天给人们带来了无限的欢乐和希望，给人们带来了勃勃的生机和活力，催促我们奋发向上。我爱这迷人的春天。

　　春天，它就好像一个天真活泼的小姑娘，拿着一只彩色的神笔，到处欢快地画画。画出了一幅幅幸福美好的生活画面，画出了人生的美好梦想和前景。画出了你的追求和理想——

　　春天，是暖人心脾的，暖暖的春风吹来了，让人们在经历了冬天的寒冷后，感觉到了它那特别的温暖。温暖了你的身体，温暖了你的心扉——

　　春风吹过大地，大地支成一幅清新美丽的图画：各种花草树木在春风的吹拂下慢慢地生长起来了。大地支绿了，柳树发芽了，衬托着红的、白的、黄的、紫的……五颜六色的野花，多美呀！春风吹来，那清新的花草气息，沁人心肺，无论是谁，都会深深地吸上一口，像痛饮甘露一样畅快。春天是一幅多么美妙的图画啊，我一生赏析你。

　　春天常常带给人一种心旷神怡的感觉，如果你到大自然里去品味春的气息，会给你增添无穷的力量，春天给人们带来了希望和美好。人们在春天播下了希望的种子，等待着秋的收获。春天是花的世界，是一切美的融合，是一切色彩的总汇。

　　春天的雨是是绵绵的、柔和的。它滋润着大地、抚摸着大地，小声地呼唤着大地，在人们不知不觉的时候，它悄悄地汇成了小河，积成了深潭，流入了大海。

　　春天真是太美了，它的美是含蓄的、羞涩的、高雅的，它美得自然、美得真实，美得洒脱，没有一丝一毫的虚假，让我们赞美和拥抱这美丽的春天吧！

copyright©2004-2015

图 1-35　内容添加完毕后的效果

（5）设置字体颜色为白色。由于文档中所有文本都为白色，因此为 body 添加 text 属性设置文本颜色，代码如下：

```
<body text="FFFFFF">
```

（6）第二行的单元格文本左右向内进行了缩进。实现方式为把所有文本放在块引用标签内进行缩进，代码如下所示：

```
<blockquote>
    <p>春天是一个充满诗情画意的季节……</p>
    ……
    <p>春天真是太美了……</p>
</blockquote>
```

（7）段落首行缩进，由于没有学习 CSS 样式，因此采用打空格的方式实现。把输入切换为全角输入模式后直接在段前打两个空格即可实现。

综合所得网页完整代码如下：

```
<html>
<head>
<title>简单网页</title>
</head>
<body text="FFFFFF">
<table align="center" width="750" border="0">
    <tr>
        <td><img src="spring.gif"></td>
    </tr>
    <tr>
        <td height="576" bgcolor="#8CB519"> <h1 align="center">春天</h1>
        <blockquote><p>　　春天是一个充满诗情画意的季节……</p>
        ……<p>　　春天真是太美了……</p>
        </blockquote></td>
    </tr>
    <tr>
        <td height="50" align="center" bgcolor="#679E29">copyright&copy;2004-2015</td>
    </tr>
```

```
</table>
</body>
</html>
```

1.4.3　保存网页

在"记事本"中执行"文件"｜"保存"命令，弹出"另存为"对话框。在对话框的"保存在"下拉列表中选择文件存放的路径；在"文件名"文本框中输入文件名 spring，扩展名改为.html，单击"保存"按钮进行保存。

1.4.4　预览网页

双击 spring.html 打开网页即可预览。预览效果如图 1-36 所示。

图 1-36　预览效果

1.4.5　编辑网页

一般情况下是边做边预览效果，边进行修改。想要修改代码需在"记事本"中打开修改。方法为：右击 spring.html 文件，在弹出快捷菜单中的"打开方式"中选择"记事本"，即可用记事本打开网页，然后就可以进行编辑修改了。

思考练习

一、填空题

1、网页的主要构成元素有_____、_____、_____、_____、_____。

2、与网站设计相关的软件有_____、_____、_____。

3、网页分为_____和_____两类。

4、_____和_____是网页的第一个与最后一个标记。

二、选择题

1、设置文本属性可以通过（　　　）来设置。

　　A、编辑菜单　　　　B、控制面板　　　C、文本菜单　　　　D、属性面板

2、下面的标签为单标签的是（　　　）。

　　A、<p>　　　　　　B、<table>　　　　C、
　　　　　　D、<td>

3、HTML 中插入图像的的代码是<img src="">，src 的含义是（　　　）。

　　A、图像的路径　　　B、图像的属性　　C、链接的地址　　　D、以上都是

4、HTML 网页中所显示的内容是放在（　　　）标记中的。

　　A、<title> </title>　　　　　　　　　B、<body> </body>

　　C、<html> </html>　　　　　　　　　D、<head> </head>

5、语句<hr size="10" width="20%" align="center" noshade>正确的描述为（　　　）。

　　A、显示一条长为 10 像素、粗细为 20 像素、水平居中、没有阴影的水平线

　　B、显示一条粗细为 10 像素、长为 20 像素、水平居中、没有阴影的水平线

　　C、显示一条长为 10 像素、粗细为 20 像素、水平居中、有阴影的水平线

　　D、显示一条粗细为 10 像素、长为 20 像素、水平居中、有阴影的水平线

三、简答题

1、什么是 HTML？什么是 XHTML？它们之间的区别是什么？

2、简述 XHTML 的语法规则。

3、文本标签有哪些？

4、列表标签包括哪几类？

拓展训练

为了进一步熟悉与掌握 HTML 标签的使用，请使用"记事本"编写 HTML，实现如图 1-37 所示效果网页。

图 1-37　拓展练习页面效果

项目二 安营扎寨－在 Dreamweaver 中创建与管理站点

【问题引入】

在前面的学习中，介绍了网页设计与制作的相关基础知识，重点介绍了 HTML 语言。要手动编辑 HTML 代码创建网页，要求对 HTML 中的标签及其属性非常熟悉。如果对代码不熟悉怎么办，能制作网页吗？一个小型网站至少有 3、4 个网页，大型网站可能有成百上千个网页，那么该如何管理这些网页以及相关的资料呢？

【解决方法】

除了手动编写 HTML 代码创建网页外，可视化编辑工具 Dreamweaver 是很好的选择。使用 Dreamweaver 可以进行可视化编辑，不是很熟悉 HTML 标签代码也可以制作网页。Dreamweaver 中的站点管理工具可以为网站建立一个逻辑的目录结构，根据网页的功能存放不同的页面的内容。Dreamweaver 的站点管理工具简化了网站管理的复杂性，将网站的管理变得井井有序。

【学习任务】

- 认识 Dreamweaver CS6
- 定义网站的逻辑结构
- 创建本地站点
- 管理站点

【学习目标】

- 了解并熟悉 Dreamweaver CS6 的界面与操作
- 了解网站的逻辑结构
- 掌握本地站点的建立方法与步骤
- 了解站点的管理
- 能够使用 Dreamweaver 制作简单网页

2.1 任务 1：认识 Dreamweaver CS6

任务目标：认识 Dreamweaver CS6，熟悉它的界面以及基本操作方法。

2.1.1 Dreamweaver CS6 概述

Dreamweaver CS6 是世界顶级软件厂商 Adobe 推出的一套具有可视化编辑界面，用于制作并编辑网站和移动应用程序的网页设计软件。由于它支持代码、拆分、设计、实时视图等多种方式创作、编写和修改网页，因此对于初级人员，无需编写任何代码就能快速创建 Web 页面。其成熟的代码编辑工具更适用于 Web 开发高级人员的创作。CS6 新版本使用了自适应网格版面创建页面，在发布前可使用多屏幕预览审阅设计，大大提高了用户的工作效率，而改善的 FTP 性能可更高效地传输大型文件。"实时视图"和"多屏幕预览"面板可呈现 HTML5 代码，用户能更方便地检查自己的工作。

2.1.2 Dreamweaver CS6 工作界面

执行"开始"|"程序"|Adobe Dreamweaver CS6 命令或双击快捷图标启动 Dreamweaver CS6，第一次打开软件时会进入一个开始界面，如图 2-1 所示。

图 2-1 开始界面

如果下次启动不想显示此界面就把左下角"不再显示"前的复选框勾选上。

在"新建"栏选择 HTML 进入 Dreamweaver CS6 的工作界面，如图 2-2 所示。

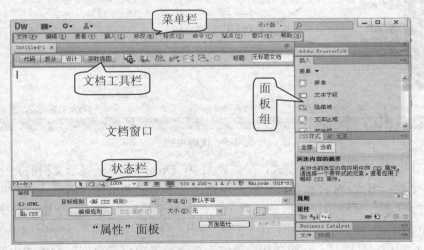

图 2-2 开始界面

（1）菜单栏。菜单栏是能够实现一定功能的菜单命令。Dreamweaver CS6 拥有"文件"、

"编辑"、"查看"、"插入"、"修改"、"格式"、"命令"、"站点"、"窗口"、"帮助"等 10 个菜单分类，如图 2-3 所示，单击这些菜单可以打开其子菜单。Dreamweaver CS6 的菜单功能极其丰富，几乎涵盖了所有功能操作。

图 2-3　菜单栏

（2）文档工具栏。文档工具栏主要包含一些对文档进行常用操作的功能按钮，通过单击这些按钮，用户可以在文档的不同视图模式间进行快速切换，如图 2-4 所示。

图 2-4　文档工具栏

（3）文档窗口。文档窗口为进行可视化编辑网页的主要区域，即设计区，网页上的内容就添加到这里进行编辑，可以实时显示当前文档的内容。用户可以通过单击"文档"工具栏中的"代码"、"拆分"、"设计"和"实时视图"按钮，切换不同的文档窗口显示模式。

- 代码视图：在窗口中只显示文档的代码，是一个用于编写和编辑 HTML、JavaScript、服务器语言代码（如 PHP 或 ColdFusion 标记语言(CFML)）以及任何其他类型代码的手工编码环境，如图 2-5 所示。

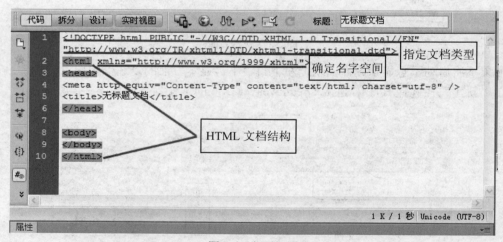

图 2-5　代码视图

- 设计视图：可视化编辑模式，在该视图中，Dreamweaver 显示文档的完全可编辑的可视化表示形式。可直接在设计视图中输入文本与插入图像等网页元素，如图 2-2 所示。
- 拆分视图：文档窗口被拆分成两个，一个显示代码视图，一个显示设计视图，如图 2-6 所示。
- 实时视图：可以显示实时效果，类似于在浏览器中查看页面时看到的内容。此模式下不可编辑内容与代码。

图 2-6 拆分视图

提示: "实时视图"下显示的效果并不一定与在浏览器中的预览效果一样。因此一切要以浏览器中预览的效果为最终效果。

单击"预览"按钮 下拉三角弹出预览选项菜单,选择一种浏览器即可预览网页效果,如图 2-7 所示。

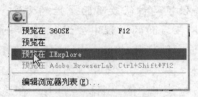

图 2-7 预览菜单

(4)状态栏。状态栏用于显示当前正在编辑的文档的相关信息,如当前窗口大小、文档大小以及当前选择对象的标签,如图 2-8 所示。

图 2-8 状态栏

(5)"属性"面板。"属性"面板用于显示页面中选中对象的一些属性,可以通过"属性"面板查看或设置页面上元素的属性。Dreamweaver 的"属性"面板分为 HTML、CSS 属性以及"页面"属性。HTML 属性用于设置结构,CSS 用于设置外观样式,"页面"属性用于设置整个页面的属性,如图 2-9 所示。

图 2-9 "属性"面板

单击"属性"面板中的"页面属性"按钮，即可打开"页面属性"对话框，如图 2-10 所示。

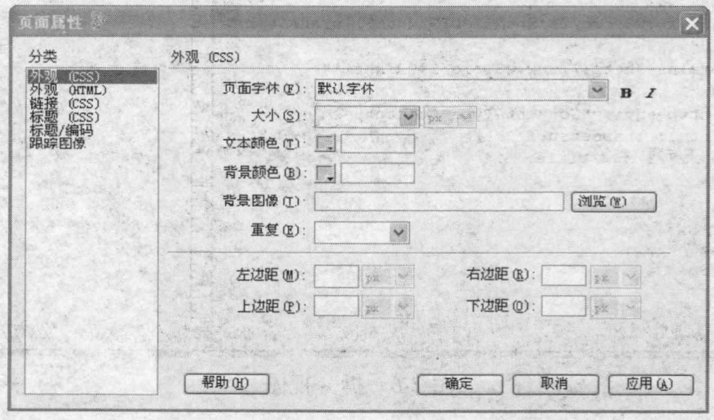

图 2-10   "页面属性"对话框

对于在 Dreamweaver 中创建的每个页面，都可以使用"页面属性"对话框指定布局和格式设置属性。在"页面属性"对话框中可以指定页面的默认字体系列和字体大小、背景颜色、边距、链接样式及页面设计的其他许多方面。

提示：Dreamweaver CS6 提供了两种修改页面属性的方法：CSS 或 HTML。建议使用 CSS 设置背景和修改页面属性。CSS 在后面的课程中会进行详细讲解。

（6）面板组。面板组为用于实现某些功能的快捷窗口，在 Dreamweaver CS6 默认的设计器工作区布局中，面板组中主要有"插入"、"CSS 样式"及"AP 元素"面板，如需要打开其他面板，可以通过单击"窗口"下拉菜单中的"名称"打开，在这里重点介绍一下"插入"面板。

"插入"面板中包含了可以向网页文档中添加的各种对象，例如文字、图像、表格、超链接、表单等。单击"插入"面板中的下拉按钮，在下拉列表中显示所有的类别，包括常用、布局、表单、数据、Spry、jQuery Mobile、InContext Editing、文本和收藏夹，最常用的如图 2-11 所示。

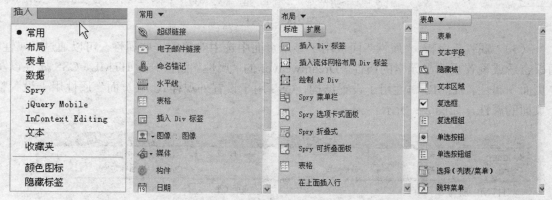

图 2-11   "插入"面板

2.1.3　Dreamweaver CS6 基本操作

在使用 Dreamweaver 编辑网页之前，我们应该掌握软件的一些基本操作方法，如新建网页、保存网页、打开网页和预览网页的效果等。

1. 新建网页

在 Dreamweaver 中创建网页的方式有多种。

在启动的开始界面单击"新建"栏的 HTML 就可直接创建网页，或者按下快捷键 Ctrl+N、执行"文件"｜"新建"命令都可打开"新建文档"对话框，选择"空白页"｜"HTML"｜"创建"即可创建网页，如图 2-12 所示。

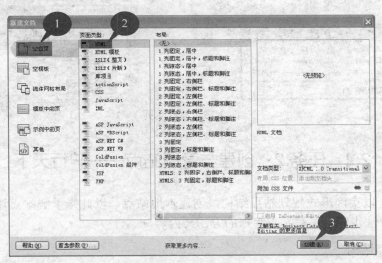

图 2-12 新建网页

2. 保存网页

执行"文件"｜"保存"命令或按下快捷键 Ctrl+S，打开如图 2-13 所示的"另存为"对话框，在对话框中选择文档存放位置并输入保存的文件名称，单击"保存"按钮，即可保存网页，如图 2-13 所示。

3. 打开网页

执行"文件"｜"打开"命令，在"打开"对话框中选择文档，单击"打开"按钮即可打开文档，如图 2-14 所示。

图 2-13 保存网页

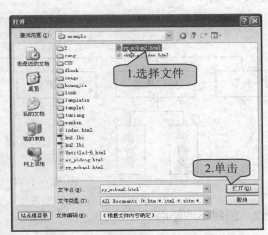

图 2-14 打开网页

4. 预览网页

网页编辑好后可以通过文档工具栏上的"预览"按钮 进行预览。单击"预览"按钮的下拉按钮，在下拉列表中选择一种浏览器进行预览即可，如图 2-15 所示。

图 2-15　预览网页

2.2　任务 2：创建与管理站点——驴行天下

任务目标： 以实例形式规划站点结构，创建本地站点，以此来了解站点逻辑结构以及本地站点创建的方法步骤，了解站点管理的方法与内容。

2.2.1　规划站点结构

在设计制作网站之前，应创建一个站点，最好是能够在纸上规划站点的逻辑组织结构，使得站点更加容易管理，避免网站文件增多后管理混乱。

网站的逻辑结构规划有多种不同的方式，如按照网站的功能结构规划，以及按照文件的类型规划等。一般常见的是根据网站的功能结构进行初步划分，再在不同的功能下面按照文件进行划分。Dreamweaver 的站点管理工具提供了很多方便的功能，允许对这些组织良好的文件夹结构进行管理。

本次案例以"驴行天下"为主题，按照网站的功能结构进行规划，构建网站的逻辑结构，如图 2-16 所示。

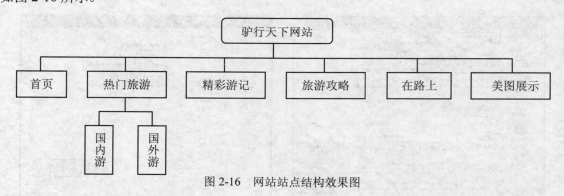

图 2-16　网站站点结构效果图

2.2.2　创建本地站点

使用 Dreamweaver 创建一个网站的首要工作就是通过网站创建工具创建一个站点，使得所有的网页都有一个集中的存放位置，同时便于网站的维护与管理。

创建站点的步骤如下：

（1）启动 Dreamweaver CS6，在"新建"栏选择"Dreamweaver 站点"，如图 2-17 所示。

图 2-17　新建站点

（2）在弹出的"站点设置对象"对话框中设置站点名称和本地站点文件夹。其中站点名称为"驴行天下"，本地站点文件夹指定为"F:\网页 2\项目二\驴行天下\"，然后单击保存，如图 2-18 所示。

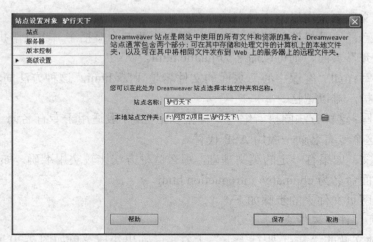

图 2-18　设置站点名称

提示：

站点名称：是一个仅在 Dreamweaver 站点管理工具中用于站点区分的名称，可以是任何能够表达站点意思的中文或英文，这个名称不与任何操作系统文件名相关联。

本地站点文件夹：用于指定网站的根目录，Web 网站的根目录是指包含所有站点文件的目标位置，它是一个物理存储位置。当定义一个网站时，Dreamweaver 会将这个目录当做存放所有站点文件的目标位置。

（3）设置完成后的文件窗口如图 2-19 所示。

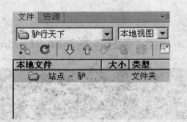

图 2-19　站点文件窗口

2.2.3　创建网页文件与文件夹

现在的站点只是一个空的文件夹，里面什么都没有，下面按照站点规划结构创建网页文件以及存放文件素材的文件夹。

文件、文件夹的命名规范为：

- 一般首页文件名为 index.htm 或者 index.html；如果页面是使用 ASP 语言编写的，那么文件名变为"index.asp"。
- 文件夹一般采用英文小写字母或中文拼音及缩写命名。
- 文件名称统一用小写的英文字母或拼音及缩写、数字和下划线的组合命名。
- 分支页面的文件存放于各自单独的文件夹中，避免和其他文件存放在一起。如图像文件存放于单独的目录下，如 images、pics；存放 Flash 文件的文件夹命名为 flash；存放 CSS 样式表文件的文件夹命名为 style 或 CSS；存放 JavaScript 脚本的文件夹命名为 JS。

一般来说，文件名采用以下 4 种方法命名：

- 汉语拼音：这是最简单的命名方法，提取出两三个概括字，将汉语拼音作为文件名。如"简介"页面，则可以命名为 jianjie.html。
- 拼音缩写：如"客服中心"页面的文件名是 kfzx.html。这种方法简单，却不便于以后的维护，难以记忆。
- 英文缩写：这种方法同拼音缩写一样难以记忆，一般适用于专有名词。如 Active Server Pages 这个专有名词一般用 ASP 代替。
- 英文原文：如果有一定的英文基础，那么这种方法比较实用准确。如可以将"公司简介"页面命名为 company_introduction.html。

创建文件与网页文件夹的步骤如下。

1．创建首页文件与文件夹

（1）在本地文件的"站点-驴行天下"上右击，弹出快捷菜单如图 2-20 所示。

（2）在弹出的快捷菜单中选择"新建文件"命令，创建新文件，命名为 index.html，即网站首页。

（3）在本地文件的"站点-驴行天下"上右击，在弹出的快捷菜单中选择"新建文件夹"命令，为网站添加新文件，命名为 images，用于存放 index.html 网页的素材。

创建完成如图 2-21 所示。

2．创建二级网页文件与文件夹

为了便于管理与区分，二级网页的文件与文件夹应放置在对应的文件内。首先要创建存放二级网页的文件夹，然后在文件夹内部再创建二级网页以及存放相应素材的文件夹。步骤如下：

图 2-20 快捷菜单

图 2-21 主页创建完成

（1）在本地文件的"站点-驴行天下"上右击，在弹出的快捷菜单中选择"新建文件夹"命令，为网站添加新文件夹，命名为 hottravel，用于存放"热门旅游"二级网页。

（2）在 hottravel 文件夹上右击，在弹出的快捷菜单中选择"新建文件"命令，新建文件，命名为 hottravel.html。

（3）在 hottravel 文件夹上右击，在弹出的快捷菜单中选择"新建文件夹"命令，新建文件夹，命名为 images，用于存放 hottravel.html 网页素材。

至此，"热门旅游"二级网页创建完成，如图 2-22 所示。

（4）重复步骤（1）～（3），分别创建存放二级网页"精彩游记"、"旅游攻略"、"在路上"、"美图展示"的文件夹 wondernote、tourstrate、onway、beauphoto。并在二级网页文件夹下分别创建 wondernote.html、tourstrate.html、onway.html、beauphoto.html 二级网页，存放相应网页素材的文件夹 images。

二级网页文件与文件夹创建完成，如图 2-23 所示。

3. 创建三级网页文件与文件夹

在网页规划结构中只有两个三级网页，这两个三级网页处于二级网页"热门旅游"下，分别为"国内游"与"国外游"，创建步骤如下：

（1）在文件夹的 hottravel 上右击，在弹出的快捷菜单中选择"新建文件夹"命令，为网站添加新文件夹，命名为 intravel，用于存放"国内游"二级网页。

（2）在 intravel 文件夹上右击，在弹出的快捷菜单中选择"新建文件"命令，新建文件，命名为 intravel.html。

（3）在 intravel 文件夹上右击，在弹出的快捷菜单中选择"新建文件夹"命令，新建文件夹，命名为 images，用于存放 intravel.html 网页素材。

至此，"国内游"三级网页创建完成，如图 2-24 所示。

（4）重复步骤（1）～（3），创建存放三级网页"国外游"的文件夹 outtravel。并在三级网页文件夹下创建 outtravel.html 三级网页，存放相应网页素材的文件夹 images。

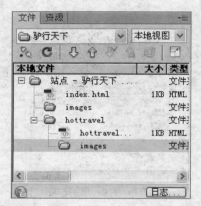

图 2-22　"热门旅游"二级网页创建完成

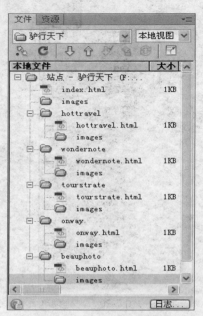

图 2-23　所有二级网页创建完成

至此，三级网页文件与文件夹创建完成，如图 2-25 所示。

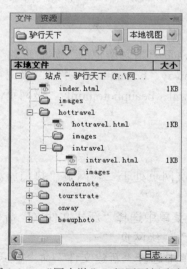

图 2-24　"国内游"三级网页创建完成

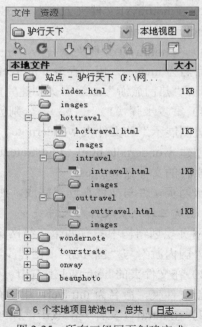

图 2-25　所有三级网页创建完成

2.2.4　管理站点

站点建立后，还可以对站点进行编辑修改。

执行"站点"｜"管理站点"命令，打开"管理站点"对话框，如图 2-26 所示。

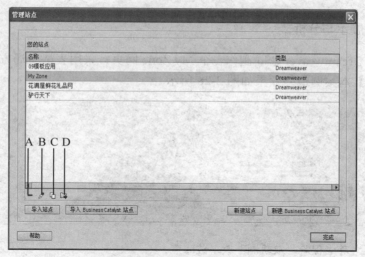

图 2-26 "管理站点"对话框

- A：删除当前选定的站点：删除选择的站点。
- B：编辑当前选定的站点。单击此按钮，打开如图 2-18 所示的"站点设置对象"对话框，编辑修改"站点名称"以及"本地站点文件夹"。
- C：复制当前选定的站点：复制选择的站点。
- D：导出当前选定的站点。单击此按钮，打开如图 2-27 所示的"导出站点"对话框，选择保存位置，输入文件名，单击"保存"按钮即可导出站点。站点文件扩展名为*.ste。

图 2-27 "导出站点"对话框

单击"管理站点"对话框中的"导入站点"按钮，可以导入站点。

2.3 任务 3：使用 Dreamweaver 创建一个简单网页——My Zone

任务目标：使用 Dreamweaver CS6 软件制作一个比较简单的网页，来体验一下网页的制作过程，熟悉 Dreamweaver CS6 软件的应用。

2.3.1 案例效果展示与分析

本案例使用 Dreamweaver CS6 制作一个 My Zone 网页，采用表格布局方式。

【效果展示】本案例最终效果如图 2-28 所示。

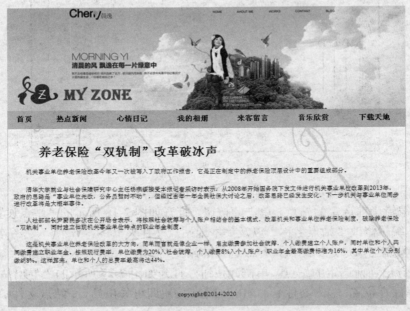

图 2-28   网页最终效果

【分析】本案例使用表格布局。从效果图上可以看出，此网页从上往下分为四个部分，顶部的 banner，然后是导航，再向下是主体内容，最后是版尾版权声明。其中导航栏有七项。由此可得创建此网页的表格为一个 4×7 的表格，1、3、4 行所有单元格合并。

2.3.2 创建站点

（1）执行"开始"|"程序"|Adobe Dreamweaver CS6 命令启动软件。执行"站点"|"新建站点"命令，打开"站点设置对象"对话框，将站点名称设为 My Zone，选择本地站点文件夹存放位置如图 2-29 所示。

（2）单击"保存"按钮。

（3）在"文件"面板中，右击"站点-My Zone"，在弹出的快捷菜单中选择"新建文件"命令，新建文件，命名为 myzone.html。

（4）在"文件"面板中，右击"站点-My Zone"，在弹出的快捷菜单中选择"新建文件夹"命令，新建文件夹，命名为 images。

（5）把所需的图片素材拷贝到 images 文件夹中备用。

站点创建完成，如图 2-30 所示。

2.3.3 添加内容

（1）双击 myzone.html 打开文档开始编辑。

（2）将光标定位在"设计"视图中，在"插入"面板的"常用"选项卡中单击"表格"

按钮，弹出"表格"对话框 ，参数设置如图 2-31 所示。

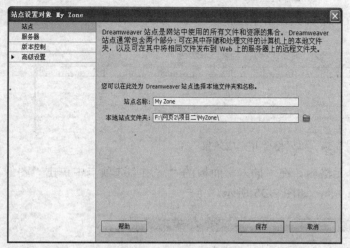

图 2-29 "站点设置对象"对话框

图 2-30 My Zone 建站完成

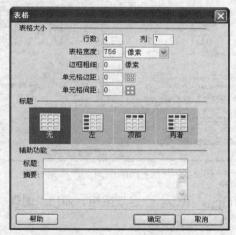

图 2-31 "表格"对话框

说明：表格的宽度来源于网页顶部的 banner 图的宽度。

（3）单击"确定"按钮插入表格。如图 2-32 所示。

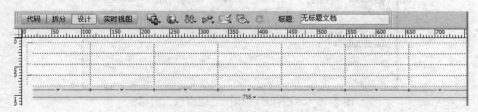

图 2-32 插入表格

（4）将光标放在第一行第一个单元中按住鼠标左键向右拖动，选中第一行的所有单元格，单击"属性"面板的"合并"按钮合并单元格，如图 2-33 所示。用同样的方法合并第 3、4 行的所有单元格。合并完成如图 2-34 所示。

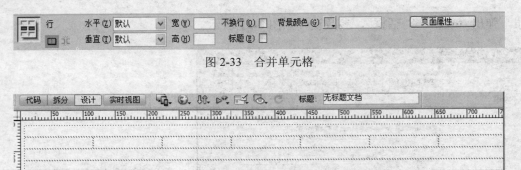

图 2-33　合并单元格

图 2-34　单元格合并完成效果

（5）将光标定位在第一行的单元格内，在"插入"面板的"常用"选项卡中单击"图像"按钮，打开"选择图像源文件"对话框，如图 2-35 所示。

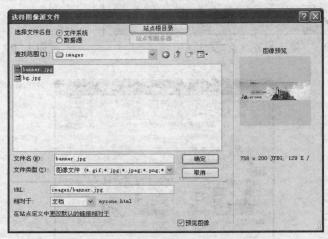

图 2-35　"选择图像源文件"对话框

（6）选择需要的 banner.jpg，单击"确定"按钮，弹出"图像标签辅助功能属性"对话框，如图 2-36 所示。

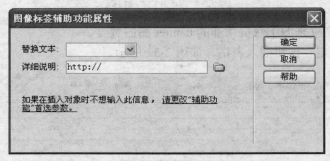

图 2-36　"图像标签辅助功能属性"对话框

- 替换文本：为图像在由于某些原因不能显示时，所显示的文本或光标放置到图像上所显示的文本。
- 详细说明：当用户单击图像时显示的文件的位置，或者单击文件夹图标以浏览到该文件。

（7）单击"确定"按钮，即在第一个单元格内插入 banner 图像，如图 2-37 所示。

图 2-37 插入 banner 图像

（8）按效果图所示在第二行的各个单元格中分别输入文本"首页"、"热点新闻"、"心情日记"、"我的相册"、"来客留言"、"音乐欣赏"、"下载天地"。光标放在单元的边框线上可以左右或上下拖动，调整各个单元格的宽度与高度。

（9）选中导航栏所有的单元格，在 HTML "属性"面板的"链接"栏输入#符号，添加空的超链接。

（10）按效果图所示在第三行的单元格中输入文本"养老保险'双轨制'改革破冰声"，单击 Enter 按钮。接着输入下一段文本"机关事业单位养老保险改革今年又一次被写入了政府工作报告，它是正在制定中的养老保险顶层设计中的重要组成部分。"，用同样的方法输入完成所有的文本。

说明：如果感觉文本较多输入慢，可以复制原始网页中的文本，新建一个"记事本"文档，然后把文本粘贴在"记事本"中。再从"记事本"中复制粘贴到 Dreamweaver 中。复制到"记事本"中的目的是去掉原始网页中设置的文本格式。

（11）按效果图所示在最后一行的单元格中输入版权声明文本 copyright©2014-2020。

至此，所有内容输入完毕，如图 2-38 所示。

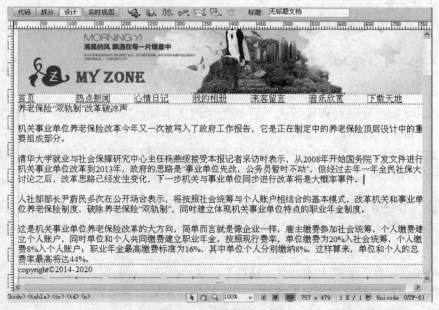

图 2-38 内容输入完毕

2.3.4　美化网页

1. 页面属性设置

（1）设置文字大小。单击"属性"面板上的"页面属性"按钮，打开"页面属性"对话框，设置文本"大小"为 12px，如图 2-39 所示。

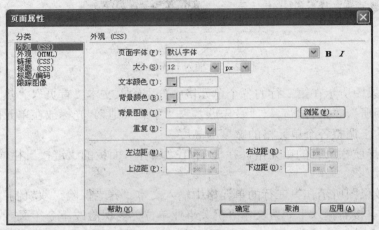

图 2-39　文本大小设置

（2）选择整个表格，在"属性"面板的"对齐"下拉列表中选择"居中"，如图 2-40 所示。

图 2-40　表格居中设置

2. 美化导航栏

导航栏预览效果如图 2-41 所示。

图 2-41　导航栏预览效果

由效果图可知，导航栏有淡绿色的背景色，超文本颜色为加粗蓝色，光标放上去变为桔红色，没有下划线，居中。

（1）选中所有单元格，单击"属性"面板上的"背景颜色"按钮选择颜色或直接在后面文本框中输入#ABE967；"水平"设为"居中"，如图 2-42 所示。

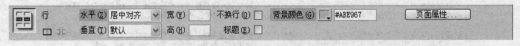

图 2-42　单元格属性设置

（2）单击"属性"面板上的"页面属性"按钮，打开"页面属性"对话框。在左侧的"分类"列表框中选择"链接（CSS）"选项，设置超链接参数。参数设置如图 2-43 所示。

（3）单击"确定"按钮。导航栏美化完毕。

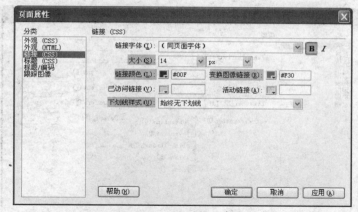

图 2-43 超链接属性设置

3. 美化主体内容

主体内容预览效果如图 2-44 所示。

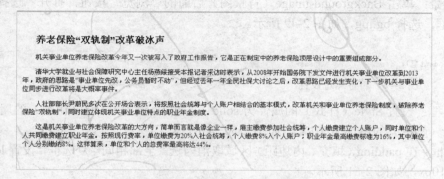

图 2-44 主体内容预览效果

主体内容美化内容有：文本"养老保险'双轨制'改革破冰声"为二级标题；段落文本首行缩进 2 字符；单元格有实线——1 像素粗细、浅灰色边框；单元格内容左右离边框线有 10 像素间距；单元格有一背景图 bg.jpg。具体美化步骤如下：

（1）选择文本"养老保险'双轨制'改革破冰声"，在 HTML"属性"面板的"格式"下拉列表中选择"标题 2"，如图 2-45 所示。

（2）单元格的边框在"属性"面板中不能设置，要在 CSS 规则定义对话框中设置。选中单元格，在 CSS"属性"面板的"目标规则"下拉列表中选择"新内联样式"，如图 2-46 所示。

图 2-45 格式设为标题

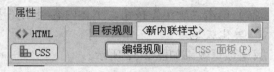

图 2-46 创建"新内联样式"

（3）单击"编辑规则"按钮，打开"<内联样式>的 CSS 规则定义"对话框，如图 2-47 所示。

在"<内联样式>的 CSS 规则定义"对话框中进行如下设置：

1）区块：设置 Text-indent（首行缩进）的属性为 2ems，如图 2-48 所示。

图 2-47　"<内联样式>的 CSS 规则定义"对话框

2）背景：单击 Background-image（背景图）后面的"浏览"按钮，打开"选择图像源文件"对话框，选择 bg.jpg，如图 2-49 所示。

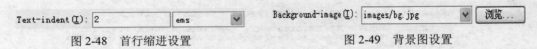

图 2-48　首行缩进设置　　　　　　　　　　　　　图 2-49　背景图设置

3）边框：设置 Style（样式）的属性为 solid（实线），设置 Width（粗细）的属性为 1px，设置 Color（颜色）的属性为#CCC，如图 2-50 所示。

4）方框：在 padding（填充、内边距）区域取消勾选"全部相同"复选框，设置 left 和 right的值均为 10px，如图 2-51 所示。

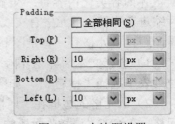

图 2-50　边框设置　　　　　　　　　　　　　图 2-51　内边距设置

（4）单击"确定"按钮。主体内容美化完毕。

4．美化版尾

版尾预览效果如图 2-52 所示。

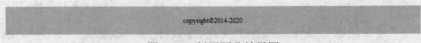

图 2-52　版尾预览效果图

版尾文本居中，背景为浅灰色，高度为 50px。

选择版尾单元格，在"属性"面板中将单元格属性"高度"设为 50px；将"水平"设为

"居中"；将"背景色"设为#CCCCCC，如图 2-53 所示。版尾美化完毕。

图 2-53　版尾单元格属性设置

思考练习

一、选择题

1、在 Dreamweaver CS6 中创建新的网页文档，可以使用（　　）组合键。
　　A、Ctrl+M　　　　　　　　　　　B、Ctrl+N
　　C、Alt+M　　　　　　　　　　　D、Alt+N

2、按（　　）功能键可以快速打开浏览器浏览网页效果。
　　A、F5　　　　　　　　　　　　　B、F6
　　C、F11　　　　　　　　　　　　D、F12

3、以下不能使用中文命名的是（　　）。
　　A、网站的名称　　　　　　　　　B、网站中网页的页面标题
　　C、网站中的文件夹名　　　　　　D、主页的网页标题

4、对站点的管理功能不包括（　　）。
　　A、删除站点　　　　　　　　　　B、复制站点
　　C、移动站点　　　　　　　　　　D、编辑站点

5、在 DW 的"文件"面板中，以下说法正确的是（　　）。
　　A、选择站点名称后，按 Del 键可以将该站点删除，不影响对应的文件和文件夹
　　B、选择站点名称后，按 Del 键可以将该站点的信息及对应的文件和文件夹删除
　　C、选择某文件后，按 Del 键可删除文件与本站点的关系，文件本身并没有删除
　　D、选择某文件后，按 Del 键可删除文件

6、如果想更换一台计算机继续进行网站的开发，在 DW 中可使用的命令是（　　）。
　　A、复制、导入　　　　　　　　　B、导出、导入
　　C、导出、复制　　　　　　　　　D、复制

二、简答题

1、什么是站点？创建本地站点的作用是什么？
2、简述如何创建本地站点。

拓展训练

为了进一步熟悉与掌握 Dreamweaver CS6 的使用，体验使用 Dreamweaver CS6 制作网页的方法，请使用 Dreamweaver CS6 制作效果如图 2-54 所示的网页。

图 2-54　拓展练习页面效果

步骤提示：

（1）网页中的图像作为背景图像添加。

（2）使用表格布局方式制作网页。

（3）图像上半部分的位置可以用空白单元格占用。

项目三　美化利器－CSS 样式

【问题引入】

在项目二中对网页元素进行格式化时发现，有些格式与属性在"属性"面板中不能设置，要在"CSS 规则定义"对话框中才能设置。在"属性"面板中设置某些属性，如颜色、字号等时会弹出"新建 CSS 规则"对话框，CSS 到底是什么呢，有什么用？

【解决方法】

要想知道 CSS 是什么，那就要先来认识一下 CSS，包括 CSS 的概念、CSS 的基本语法、CSS 的使用方式；然后学习在 Dreamweaver 中如何创建、使用、编辑 CSS，并应用 CSS 来美化网页。

【学习任务】

- CSS 的概念
- CSS 的基本语法
- CSS 的使用方式
- 在 Dreamweaver 中创建、使用、编辑 CSS

【学习目标】

- 了解 CSS 基础知识
- 掌握 CSS 的使用方式
- 熟练应用 CSS 美化网页

3.1　任务 1：认识 CSS 样式表

任务目标：认识 CSS 样式表。首先了解什么是 CSS，理解为什么要使用 CSS，并掌握 CSS 的基本语法。

3.1.1　CSS 概述

1. 什么是 CSS

CSS 是 Cascading Style Sheets 的英文缩写，即层叠样式表，用于布局与美化网页，是由 W3C（万维网联盟）CSS 工作组产生和维护的，最早于 1996 年提出。

CSS 语言是一种标记语言，因此不需要编译，可以直接由浏览器执行（属于浏览器解释型语言）。CSS 文件是一个文本文件，它包含了一些 CSS 标记，CSS 文件必须使用 css 为文件名后缀。

2. 为什么要用 CSS

随着互联网的发展，对网页的外观越来越看重，漂亮的外观更容易引起浏览者的注意。

仅由 HTML 标签创建的网页，内容与表现混杂在一起，代码变得越来越繁杂、臃肿，难以阅读，也不符合互联网上传输的要求，并且在控制格式与外观上越来越不能适应高的要求。

CSS 可以控制页面各元素的显示属性，将页面的内容与表现形式进行分离，即结构与表现相分离，有效地解决以上问题。

【实例】内容与表现分离。

- 不用 CSS 排版。

```
<img  src="1.jpg"  width="150"  height="100"  border="5"/>
<img  src="2.jpg"  width="150"  height="100"  border="5"/>
<img  src="3.jpg"  width="150"  height="100"  border="5"/>
<img  src="4.jpg"  width="150"  height="100"  border="5"/>
<img  src="5.jpg"  width="150"  height="100"  border="5"/>
```

- 用 CSS 排版。

```
<head>
<style type="text/css">
img{
    width:150;
    height:100;              CSS 代码（表现）
    border:5;
    }
</style>
</head>
<body>
<img  src="1.jpg"/>
<img  src="2.jpg"/>
<img  src="3.jpg" />        内容
<img  src="4.jpg"/>
<img  src="5.jpg" />
</body>
```

从上例可看出，使用 CSS 排版实现了内容与表现相分离，精简了代码，增强了可读性，文件体积变小，更适合网络传输。两者的效果一样，如图 3-1 所示。

图 3-1　预览效果

3.1.2　CSS 基本语法

CSS 规则由两部分组成：选择符（selector）与声明（declaration），而声明又由属性及属性相对应的值组成，基本语法为：

选择符{属性 1:属性值 1;属性 2:属性值 2;......}

说明：选择符表示进行格式化的对象元素；

声明部分包括在选择器后的大括号中，用来描述该对象的格式；

用"属性：属性值"描述要应用的格式化操作；

声明中可以有多个属性，多个属性值对之间必须用分号隔开。

例如：p{

        font-family:"仿宋";

        font-size:15px;

        color:#00F;

    }

3.1.3 CSS 选择器类型

CSS 选择器主要分为普通选择器、复合选择器和其他选择器。

1. 普通选择器

普通选择器有标签、类（class）、ID 三种。

● 标签：实际上是对 HTML 标签的重新定义，如 p、body、h1、img 等。

```
<title>标记选择器</title>
  <style type="text/css">
      h1{  /* 标记选择器 */
      color:red;
      font-size:25px;
      }
  </style>
  <body>
        <h1>1 级标题文本（红色）</h1>
        <p>普通段落文本（默认色）</p>
  </body>
```

● 类（class）：可应用于多个有相同类名的元素。在 HTML 中，经常会有不同的元素有着相同的格式，即相同的属性，比如一个段落与一个标题使用相同颜色的文字，针对这种情况可以使用类，在使用前要先给元素取一个类名，在 HTML 中代码为<标签 class="类名">。在 CSS 中类选择器要以"."符号开头。

```
<title>类选择器</title>
<style type="text/css">
  .biaoti{ /* 类别选择器 */
      font-size:16px;
      color:red;
      }
  </style>
  <body>
      <p>段落文本</p>
      <p class=biaoti>赋于标记符类的段落文本</p>
      <span class=biaoti>类选择器所定义的格式</span>
  </body>
```

● ID：应用于具有特定 ID 的元素，使用前要先给元素取一个 ID 名，此 ID 在该文档中

应该是唯一的，不允许重复。在 HTML 中代码为<标签 id="id 名">。在 CSS 中 ID
选择器要以"#"符号开头。

```
<title>ID 选择器</title>
<style type="text/css">
#biaoti{ /* ID 选择器 */
    font-size:16px;
    color:red;
    }
</style>
<body>
    <h1>普通一级标题文字</h1>
    <h1 id=biaoti>赋于标记符 id 的一级标题文本</p>
</body>
```

2. 复合选择器

复合选择器就是两个或多个基本选择器，通过不同方式连接而成的选择器，主要包括"交集"选择器、"并集"选择器、"后代"选择器。

- 交集选择器：由两个选择器直接连接构成，其结合的结果是选中二者各自元素范围的交集。这两个选择器之间不能有空格，必须连续书写。

```
<title>交集选择器</title>
<style type="text/css">
  p{ /* 标记选择器 */
      color:blue;
  }
  p.special{ /* 标记.类别选择器 */
      color:red; /* 红色 */
  }
  .special{ /* 类别选择器 */
      color:green;
  }
  </style>
  <body>
          <p>普通段落文本（蓝色）</p>
          <h2>普通标题文本（黑色）</h2>
          <p class="special">指定了.special 类别的段落文本（红色）</p>
          <h2 class="special">指定了.special 类别的标题文本（绿色）</h2>
  </body>
```

- 并集选择器：又称群集选择器，或选择器的分组。意思是给所有这些指定的对象设置相同的样式规则，如果某些选择器的风格完全相同或是部分相同，这时就可以利用并集选择器同时声明。任何形式的选择器（包括标记选择器、类别选择器、ID 选择器）都可以作为并集选择器的一部分，并集选择器是多个选择器通过逗号连接而成的。

```
<title>并集选择器</title>
<style type="text/css">
h1,h2,h3,h4,h5,p{ /* 并集选择器，集体声明 */
        color:purple;
        font-size:15px;
}
```

```
h2,h4,.special,#one{
    text-decoration:underline;
}
</style>
</head>
<body><h1>标题 1 h1</h1>
      <h2>标题 2 h2</h2>
      <h3>标题 3 h3</h3>
      <h4>标题 4 h4</h4>
      <h5>标题 5 h5</h5>
      <p>普通段落 p1</p>
      <p class="special">special 段落 p2</p>
      <p id="one">one 段落 p3</p>
</body>
```

- 后代选择器：当标记发生嵌套时，内层的标记就成为外层标记的后代，如果想为嵌套
  在里层的对象设置样式，可以使用后代选择器。把外层的标记写在前面，内层的标记
  写在后面，之间用空格分隔。

```
<title>后代选择器</title>
<style type="text/css">
p span{ /* 嵌套声明 */
        color:red;
}
span{
        color:blue;
}
</style>
</head>
<body>
        <p>段落<span>嵌套内的标记（红色）</span>文本</p>
        <span>嵌套之外的标记（蓝色）</span>
</body>
```

3. 其他选择器

其他选择器主要有伪类选择器和通用选择器。

（1）伪类选择器：伪类用于向某些选择器添加特殊的效果。伪类选择器不是选择的某一种元素，而是某种元素的某种状态。

1）超链接的四种状态：

- a:link：未访问过的链接的样式；

  a:link {color:blue;}

- a:active：鼠标按下时的链接样式；

- a:hover：鼠标移到链接上时的样式；

  a:hover, a:active {color:red;}

- a:visited：已访问过的链接样式。

  a:visited {color:green;}

2）动态伪类：

:focus：指示当前拥有输入焦点的元素。

input:focus {background-color:yellow;}

说明：如果已规定 !DOCTYPE，那么 Internet Explorer 8 （以及更高版本）支持 :focus 伪类。

（2）通用选择器：和很多语言一样，*这个符号在 CSS 里代表所有，即通配选择器。它可以匹配任意类型的 HTML 元素。

```
*{
    Padding: 0;
    Margin: 0;
}
```

3.2　任务 2：在 HTML 中使用 CSS

任务目标：掌握 CSS 在 HTML 文档中可放置的位置以及其作用的范围；理解 CSS 所拥有的一些特性，如继承性；掌握 CSS 样式的优先级并能够利用其优级进行一些特殊要求样式的设定。

3.2.1　CSS 在 HTML 中的位置

CSS 样式应该放在哪个位置呢？CSS 样式既可以定义在外部 CSS 样式表文件中，也可以直接定义在 HTML 文档中。外部 CSS 文件后缀为 .css，可以用"记事本"等编辑软件进行编辑。根据位置的不同，可分为内联样式、内嵌样式和外部样式。

1．内联样式

内联样式是把 CSS 样式直接插入 HTML 标签中，放置在标签的 style 属性里，style 属性的内容就是 CSS 的属性和值，其格式为：

<标签　style="属性 1:属性值 1;属性 2:属性值 2…">

【**实例**】使用内联样式。

在"记事本"中输入以下代码：

```
<html>
<head>
<title>内联样式</title>
</head>
<body>
<h3 style="text-align:center;"> CSS 的使用---内联样式</h3>
<p style="color:#FF0000;font-size:14px;text-decoration:underline;">内联样式是所有样式方法中
```

最为直接的一种，它直接对 HTML 的标记使用 style 属性，然后将 CSS 代码直接写在其中。</p>
```
</body>
</html>
```

将文档另存为网页文档，在浏览器中预览的效果如图 3-2 所示。

图 3-2　内联样式预览效果

说明：内联样式由于需要为每一个标记设置 style 属性，它的后期维护成本依然很高，而且网页容易过"胖"（宽），因此不推荐使用。

2. 内嵌样式

内嵌样式是把 CSS 样式表放到页面的\<head\>与\</head\>内，并且用\<style\>和\</style\>标记进行声明。此样式表仅对当前页面有效，其格式为：

\<style type="text/css"\>

\<!--

选择符 1{属性:属性值;属性:属性值;…}

选择符 2{属性:属性值;属性:属性值;…}

选择符 3{属性:属性值;属性:属性值;…}

…

--\>

\</style\>

【实例】使用内嵌样式。

在"记事本"中输入以下代码：

```
<html>
<head>
<title>内嵌样式</title>
<style type="text/css">
H3{
    text-align:center}
p {
    font-size: 15px;
    font-weight: bold;
    color: #0000FF;
    text-decoration: underline;
    }
</style>
</head>
<body>
<h3> CSS 的使用---内嵌样式</h3>
<p>内嵌样式将所有 CSS 代码部分集中在同一个区域，方便了后期的维护，还减小了页面的大小。
</p>
</body>
</html>
```

将文档另存为网页文档，在浏览器中预览的效果如图 3-3 所示。

3. 外部样式

外部样式是指 CSS 样式代码单独编写在一个扩展名为.css 的独立文件中，把 CSS 样式全部定义在文件中，然后在 HTML 文档中通过链接或导入来使用，多个网页可以调用同一个样式文件。

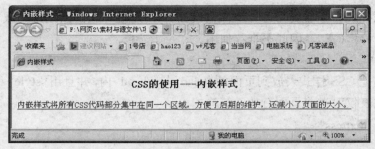

图 3-3　内嵌样式预览效果

【实例】使用外部样式。

首先创建一个文本文件，在其中输入 CSS 样式代码，文件名存为 style.css。

```
p {
        font-size: 14px;
        color: #600;
        text-decoration: underline;
}
h3 {
        text-align: center;
}
```

外部样式表使用导入式

```
<html>
<head>
<title>外部样式</title>
<style >
@import url(style.css);
</style>
</head>
<body>
<h3> CSS 的使用---外部样式</h3>
<p>外部样式表是使用频率最高，也
是应用最好的一种形式。使用外部样
式前期制作和后期维护也十分方便。
</p>
</body>
</html>
```

外部样式使用链接式

```
<html>
<head>
<title>外部样式</title>
<link  href="style.css"  type="text/css"
rel="stylesheet">
</head>
<body>
<h3> CSS 的使用---外部样式</h3>
<p>外部样式表是使用频率最高，也
应用最好的一种形式。使用外部样式
前期制作和后期维护也十分方便。
</p>
</body>
</html>
```

将文档另存为网页文档，在浏览器中预览的效果如图 3-4 所示。

图 3-4　外部样式预览效果

3.2.2　CSS 的继承性

CSS 继承是指子标记会继承父标记的所有样式风格，并可以在父标记样式风格的基础上再加以修改，产生新的样式，而子标记的样式风格完全不会影响父标记。

```
<html>
<head>
<title>继承性</title>
<style type="text/css">
    body {   /*所有元素的父标记*/
        font-size : 20;
        }
    p {   /*span 标记的父标记*/
     color : red;
    }
    span {
     font-weight : bold;
     color : blue;
    }
</style>
</head>
<body>
    <p>继承是 CSS 的一个<span>主要特征（蓝色、加粗）</span>，它是依赖于祖先-后代的关系的。</p>
</body>
</html>
```

将文档另存为网页文档，在浏览器中预览的效果如图 3-5 所示。

图 3-5　CSS 继承性

3.2.3　CSS 的优先级

如果一个对象元素在不同的地方或选择器中经过多次定义外观，那最终是采用哪种定义结果呢？答案为哪个优先级最高就使用哪种样式。CSS 的全名为"层叠样式表"，这里的"层叠"是可以简单地理解为"冲突"的解决方案。

CSS 规定：范围越小，离得越近，优先级越高。

优先级规则为：

行内样式 > ID 样式 > 类别样式 > 标记样式

优先级相同时，比较的不是在 HTML 中的前后关系，而是在 CSS 定义部分的前后关系。

行内式 > 嵌入式 > 导入式

而当使用了外部的样式表（包括链接式和导入式）时，情况会变得更为复杂，可以简单地认为：

（1）行内式>嵌入式>外部式。

（2）外部样式中，出现在后面的优先级高于出现在前面的优先级。

```
<html>                              <body>
<head>                                  <p>普通段落样式</p>
<title>层叠特性</title>                  <p class="red">这里采用 class 为 red 的样式
<style type="text/css">             显示（红色）</p>
   p {                                  <p id="line3" class="red">这里采用 id 为
     color: green;                 line3 的样式显示（蓝色）</p>
   }                                    <p style="color:orange;" id="line3">这里采
   .red {                         用内联设置的样式显示（橙色）</p>
     color: red;                   </body>
   }                               </html>
   #line3 {
   color: blue;
   }
</style>
</head>
```

3.3 任务 3：在 Dreamweaver 中创建编辑 CSS

任务目标：掌握在 Dreamweaver 中创建 CSS 规则并设置属性的方法；熟悉 CSS 规则定义中各分类中属性的意义；掌握 CSS 规则的编辑内容与方法。

3.3.1 创建 CSS 样式

（1）打开 Dreamweaver CS6，新建一个 HTML 文档，输入如图 3-6 所示的文档内容。

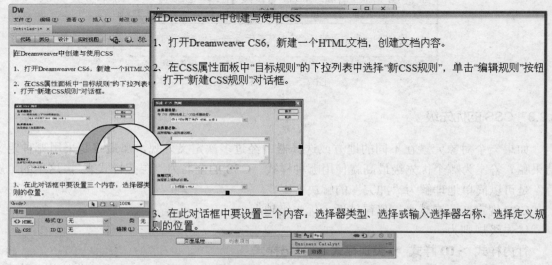

图 3-6　HTML 文档内容

（2）在 CSS "属性"面板中的 "目标规则"下拉列表中选择 "新 CSS 规则"，单击 "编辑规则"按钮，打开 "新建 CSS 规则"对话框，如图 3-7 所示。

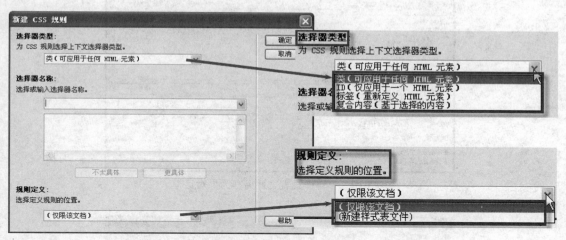

图 3-7　"新建 CSS 规则"对话框

（3）选择器类型选择 "标签"，在选择器名称的文本框中可直接输入标签名 p 或者通过下拉列表选择 p 标签，定义位置选择 "仅限该文档"，设置完成后如图 3-8 所示。

（4）单击 "确定"按钮，打开 "p 的 CSS 规则定义"对话框，如图 3-9 所示，就可以设置属性了。如果在图 3-7 所示的对话框中选择定义位置为 "新建样式表文件"，则单击 "确定"按钮后会打开 "将样式表文件另存为"对话框，如图 3-10 所示。

图 3-8　设置完成的 CSS 规则　　　　图 3-9　"CSS 规则定义"对话框

（5）对 p 标签做如下设置：

类型：font-family：华文楷体；font-size：16；line-height：150%；font-weight：bold。

区块：text-indent：2em。

（6）用同样的方法设置一个 body 标签的 CSS 样式，给 body 添加一个背景颜色 background-color：#9FF。

（7）保存网页，在浏览器中预览效果如图 3-11 所示。

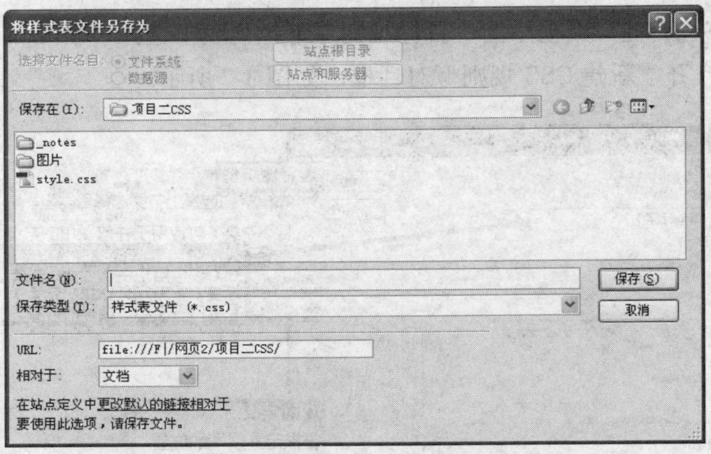

图 3-10   "将样式表文件另存为"对话框

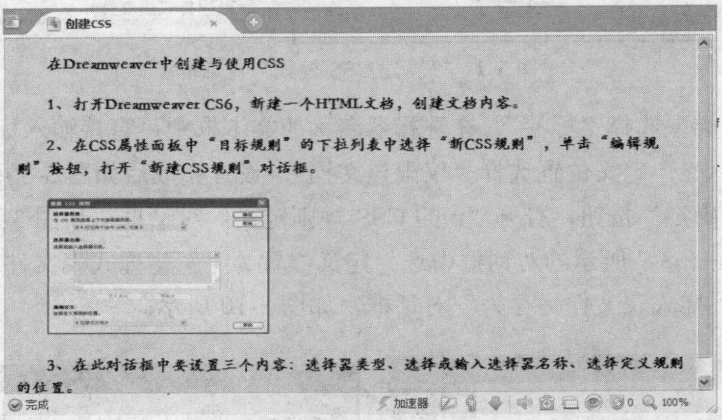

图 3-11   设置 CSS 后的效果

CSS 规则定义分类：类型、背景、区块、方框、边框、列表、定位、扩展、过渡。

（1）类型。

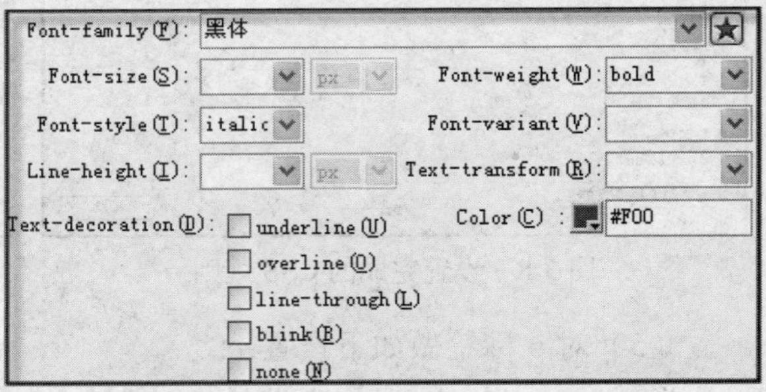

- Font-family：字体；
- Font-size：字体大小；
- Font-weight：字体粗细；
- Font-style：字体风格；
- Font-variant：字体大写；
- Line-height：行高；
- Text-transform：文本转换；
- Text-decoration（字体装饰）：
  - Underline：下划线；
  - Overline：上划线；
  - Line-through：删除线；
  - Blink：闪烁；
  - None：无。

（2）背景。

- Background-color：背景颜色；
- Background-image：背景图片；
- Background-repeat：背景重复；
- Background-attachment：背景图像是否随文档滚动；
- Background-position：背景位置 X；
- Background-position：背景位置 Y。

（3）区块。

- Word-spacing：词间距；
- Letter-spacing：字符间距；
- Vertical-align：垂直对齐；
- Text-align：水平对齐；
- Text-indent：文本缩进；
- White-space：空白；
- Dispaly：显示。

（4）方框。

- Width：宽度；
- Height：高度；
- Float：浮动；
- Clear：清除浮动；
- Padding/Margin（定义内/外边距）：
  - Top：上；
  - Right：右；
  - Bottom：底；
  - Left：左。

（5）边框。

- Style：样式（如：虚线、实线等）；
- Width：宽度；
- Color：颜色。

（6）列表。

- List-style-type：列表样式类型（用来设定列表项标记的类型）；
- List-style-image：列表样式图片（用来设定列表样式图片标记的地址）；
- List-style-Position：列表样式位置（用来设定列表样式标记的位置）。

（7）定位。

- Position：位置；
- Width：宽度；
- Height：高度；
- Visibility：规定元素是否可见；
- Z-Index：设置元素的堆叠顺序；
- Overflow：溢出，当内容溢出元素框时发生的事情；
- Placement：设置定位层对象的位置；
- Clip：裁剪。

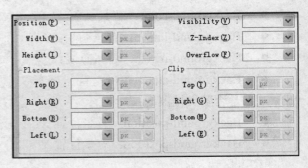

（8）扩展。

- 分页：
  - Page-break-before：设置元素前的 page- breaking 行为；
  - Page-break-after：设置元素后的 page- breaking 行为。
- 视觉效果：
  - Cursor：规定要显示的光标的类型（鼠标放在指定位置鼠标的形状）；
  - Filter：滤镜。

（9）过渡。

CSS 过渡（transition）是 CSS3 规范的一部分，用来控制 CSS 属性的变化速率。可以让属性的变化过程持续一段时间，而不是立即生效。比如，你将元素的颜色从白色改为黑色，通常这个改变是立即生效的，使用 transition 后，按一个曲线变化，这个过程可以自定义。

3.3.2 编辑 CSS 样式

如果对设置的外观不满意，可以编辑修改 CSS 样式。

1. 编辑修改 CSS

在"控制面板"中找到并打开 CSS 样式面板，单击"全部"按钮，所有的 CSS 样式都会呈现，如图 3-12 所示。

编辑修改 CSS 样式的方法有如下几种：

（1）选择某个选择器，其声明的所有属性内容会显示在下面，把光标放在属性值处单击就可以直接修改属性值。也可以单击"添加属性"按钮添加属性。

（2）选中某个选择器，单击 CSS 面板右下角的 ✎ 按钮，打开"CSS 规则定义"面板进行修改。

（3）双击某选择器打开"CSS 规则定义"面板进行修改。

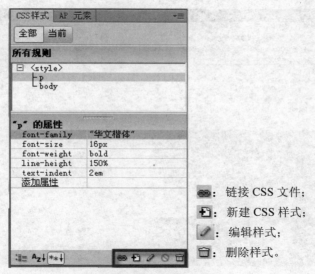

：链接 CSS 文件；

：新建 CSS 样式；

：编辑样式；

：删除样式。

图 3-12 CSS 样式面板

2. 删除 CSS 样式

选择某个选择器，单击 按钮删除该样式。

3. 新建 CSS 样式

在 CSS 面板可以新建 CSS 样式，单击 按钮可以打开"新建 CSS 规则"面板新建样式。

3.4 任务 4：使用 CSS 美化网页——教务管理系统页面

任务目标：使用 CSS 规则来美化一个实际的网页，以巩固前面所学知识。

案例美化前效果如图 3-13 所示，美化后效果如图 3-14 所示。

图 3-13 美化前效果

图 3-14　美化后效果

3.4.1　效果分析

美化内容为：

（1）为文档添加蓝白渐变背景，将文档所有文本字体大小设定为 12px。

（2）"教务管理系统"图片向右缩进，右边单元格的文本右对齐，字体颜色为蓝色。

（3）第二行大单元格添加背景图。

（4）右边表单添加渐变背景，内部的表格相对于表单水平居中，内容整齐。

（5）页脚版权居中显示。

3.4.2　美化网页

在 Dreamweaver 中打开已有网页 index-nocss.html，如图 3-15 所示。

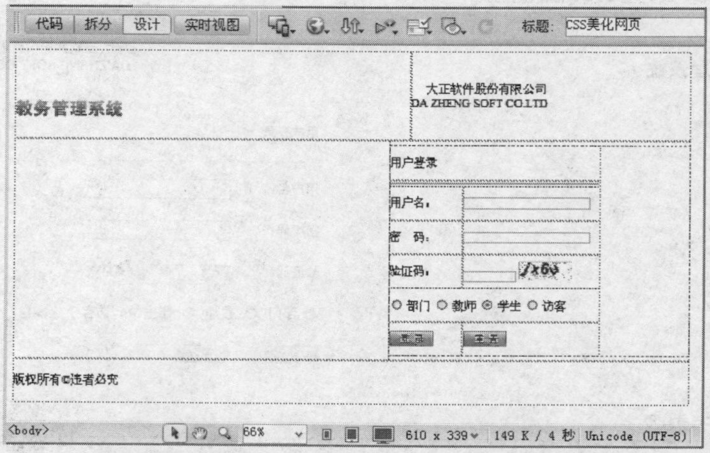

图 3-15　在 Dreamweaver 中打开原始网页效果

1．文档背景与字体大小样式设定

（1）创建标签 body 的 CSS 规则。展开 CSS 样式面板，单击按钮 新建 CSS 规则，打开"新建 CSS 规则"面板，在"标签选择器类型"下拉列表中选择"标签"，在"选择器名称"输入或在下拉列表中选择 body，在"定义规则"下拉列表中选择"仅限于该文档"，如图 3-16 所示。

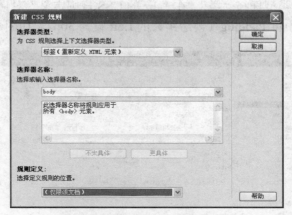

图 3-16　创建 body 的 CSS 规则

（2）单击"确定"按钮打开"body 的 CSS 规则定义"对话框，在"类型"分类中将 Font-size 设为 12px，如图 3-17 所示。

（3）在"背景"分类中将 Background-image 设为 body-bg.jpg，将 Background-repeat 设为 x（在 X 方向重复），如图 3-18 所示。

图 3-17　设置字号属性　　　　　　　　图 3-18　设置背景图像

（4）单击"确定"按钮完成设置。具体 CSS 代码如下所示：

```
body {
        font-size: 12px;
        background-image: url(body--bg.jpg);
        background-repeat: repeat-x;
}
```

说明：为了精简代码，有些属性，如背景、边框、边距等可以进行简写。例如背景中的属性，包括背景色、背景图像、重复、位置等，在 CSS 规则代码中可以进行合并简写在一行内。简写的方式是按 CSS 规则定义中属性的顺序，把属性值写在一行内，属性值之间用空格隔开。没有设置的属性为默认，不必写出。如上所示的背景属性就可以简写为：

background:url(body--bg.jpg) repeat-x;

2．第一行内容样式设定

（1）设置"教务管理系统"图片左边距样式。用同上相同的方法新建类名为 bz 的 CSS 规则，不同的是选择器类型选择"类"。在".bz 的 CSS 规则定义"对话框中设定格式为："方框"，在"方框"分类中将 Padding（内边距）的 Left 设为 30px，如图 3-19 所示。

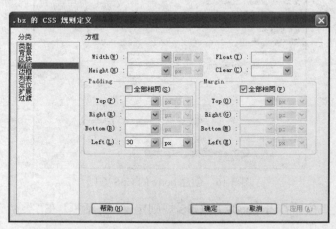

图 3-19　设置图片的内边距

（2）单击"确定"按钮。

（3）把光标放在"教务管理系统"图片的单元格内，在"HTML 属性"面板的"类"下拉列表中选择 bz，如图 3-20 所示应用.bz 设置的样式。

图 3-20　应用 bz 样式

（4）新建类名为 td2 的 CSS 规则，在".td2 的 CSS 规则定义"对话框中设定格式为"类型"，在"类型"分类中将 Color 设为#03F；将"区块"分类中的 Text-align 设为 right。

（5）把光标放在"大正软件股份有限公司"文本的单元格内，在 HTML"属性"面板的"类"下拉列表中选择 td2，应用.td2 设置的样式。

具体 CSS 规则代码如下所示：

```
.bz {
    padding-left: 30px;
}
.td2 {
    color: #03F;
    text-align: right;
}
```

保存网页，在浏览器中预览效果如图 3-21 所示。

图 3-21 第一行预览效果

3. 第二行内容样式设定

（1）设定第二行嵌套表格背景。新建类名为 tr2 的 CSS 规则，在 ".tr2 的 CSS 规则定义" 对话框中将 "背景" 分类中的 Background-image 设为 tr-bg.jpg。

（2）选择表格，在 "属性" 面板的 "类" 下拉列表中选择 tr2。

（3）设定表单样式。创建标签 form 的 CSS 规则，在 "form 的 CSS 规则定义" 对话框中将 "背景" 分类中的 Background-image 设为 form-bg.jpg，将 Background-repeat 设为 x；在 "方框" 分类中将 Width 设为 350px。

（4）选择 "用户登录" 文本，在 HTML "属性" 面板的 "格式" 下拉列表中选择 "标题 2"。

（5）新建标签 h2 的 CSS 规则，在 "h2 的 CSS 规则定义" 对话框中将 "类型" 分类中的 Font-weight 设为 bold；将 Color 设为#03F。

（6）"用户名"、"密码"、"验证码" 单元格水平右对齐，单选按钮单元格居中对齐，"登录" 单元格右对齐。

（7）选择 "重置" 所在单元格或把光标放在该单元格中，在 "CSS 属性" 面板的 "目标规则" 下拉列表中选择 bz，使用 "教务管理系统" 图片单元格所设格式。

（8）新建类名为 for-tb 的 CSS 规则，在 ".for-tb 的 CSS 规则定义" 对话框中将 "方框" 分类中的 Width 设为 70%；将 Margin 的 Left 与 Right 设为 auto。

说明：当 Margin 的左边距与右边距都设为 auto 时，元素则居中显示。

（9）选择表单 form 内部的 table，在 "属性" 面板中的 "类" 下拉列表中选择 for-tb，应用 for-tb 样式。

具体 CSS 规则代码如下所示：

```
.tr2 {
    background-image: url(tr-bg.jpg);
}
h2 {
    font-weight: bold;
    color: #03F;
}
form {
    background-image: url(form-bg.jpg);
    background-repeat: repeat-x;
    width: 350px;
}
.for-tb {
    margin-right: auto;
    margin-left: auto;
    width: 70%;
}
```

保存网页，在浏览器中预览效果如图 3-22 所示。

图 3-22　第二行预览效果

4. 版尾样式设定

选择版尾单元格，在"属性"面板中设置水平对齐方式为居中对齐。

思考练习

一、选择题

1、下列（　　）选项的 CSS 语法是正确的。

A、body:color=black
B、{body:color=black(body)}
C、body {color: black}
D、{body;color:black}

2、在 CSS 中正确的注释方式为（　　）。

A、// this is a comment
B、// this is a comment //
C、/* this is a comment */
D、' this is a comment

3、（　　）语句可以为所有的<h1>元素添加背景颜色。

A、h1.all {background-color:#FFFFFF}
B、h1 {background-color:#FFFFFF}
C、all.h1 {background-color:#FFFFFF}
D、#h1 {background-color:#FFFFFF}

4、（　　）可以改变某个元素的文本颜色。

A、text-color:　　　B、fgcolor:　　　C、color:　　　　　D、text-color=

5、在以下的 CSS 中，（　　）是可使所有 <p> 元素变为粗体的正确语法。

A、<p style="font-size:bold">
B、<p style="text-size:bold">
C、p {font-weight:bold}
D、p {text-size:bold}

6、（　　）可以显示没有下划线的超链接。

A、a {text-decoration:none}
B、a {text-decoration:no underline}
C、a {underline:none}
D、a {decoration:no underline}

7、（　　）可以用于改变元素的字体。

A、font=
B、f:
C、font-family:
D、text-decoration:none

8、以下的（　　）语句可以显示这样一个边框：上边框 10 像素、下边框 5 像素、左边框 20 像素、右边框 1 像素。

A、border-width:10px 5px 20px 1px
B、border-width:10px 20px 5px 1px
C、border-width:5px 20px 10px 1px
D、border-width:10px 1px 5px 20px

9、层叠样式表文件的扩展名为（　　　）。

　　A、htm　　　　　　　　B、lib　　　　　　　　C、css　　　　　　　　D、dwt

10、如果要为网页链接一个外部样式表文件，应使用（　　）标记符。

　　A、A　　　　　　　　B、LINK　　　　　　　C、STYLE　　　　　D、CSS

11、使用 CSS 设置格式时，H1 B{color:blue}表示（　　　）。

　　A、H1 标记符内的 B 元素为蓝色　　　B、H1 标记符内的元素为蓝色

　　C、B 标记符内的 H1 元素为蓝色　　　D、B 标记符内的元素为蓝色

12、如果某样式名称前有一个".",则这个"."表示（　　　）。

　　A、此样式是一个类样式

　　B、此样式是一个序列样式

　　C、在一个 HTML 文件，只能被调用一次

　　D、一个 HTML 元素中只能被调用两次

二、简答题

1、CSS 如何实现内容与表现相分离？

2、CSS 的选择器有哪些？

3、使用 CSS 样式表的好处。

4、CSS 在 HTML 中的使用的过程。

拓展训练

为了巩固所学的知识，进一步掌握 CSS 规则的创始与使用，熟悉 CSS 规则定义中的一些属性定义，请使用 CSS 规则美化图 3-23 所示的网页，要求美化后的网页效果如图 3-24 所示。

图 3-23　美化前的网页效果

图 3-24　美化后的效果

步骤提示：

（1）一部分一部分地美化。

（2）在开始美化时，首先分析美化后的效果，然后考虑用什么方式或属性来实现，再考虑设置属性的对象，即选择器，是标签、类、ID 还是复合类型。

（3）然后创建 CSS 规则，在"CSS 规则定义"对话框中设置属性。

（4）在创建类的 CSS 规则时，可以先创建规则，然后选择对象应用规则，也可以先给对象添加 class 属性，然后再创建相应类的 CSS 规则。

项目四　基本功练习－添加网页基本元素

【问题引入】

在前面的学习中，熟悉了 Dreamweaver CS6 的一些基本操作，学会了站点的创建方法，也使用 Dreamweaver CS6 制作了一个简单的网页。但网页只涉及到了最基本的图片与文本，那其他元素（如声音与动画）要如何添加到网页中去呢，网页做好后如何让它们链接起来形成网站呢？

【解决方法】

系统地学习网页基本元素，包括文本、图像、多媒体元素的添加与使用，多媒体元素又包括声音、动画与视频。通过这些元素的添加让网页动起来，从而变得有声有色，更吸引人。

网页做好后，通过给文本或图像添加超链接让网页之间可以任意跳转访问，真正形成一个整体，而且可以轻松跳转到 Internet 的任意网页上。

【学习任务】

- 制作文本网页
- 制作图文混排网页
- 制作多媒体网页
- 添加超级链接

【学习目标】

- 掌握各种文本的添加方法
- 了解图像的作用并掌握图像的添加方法
- 掌握网页中添加多媒体元素的方法
- 掌握添加超级链接的方法

4.1　任务 1：制作文本网页——"古典音乐"之基本简介

任务目标：利用 Dreamweaver 制作简单的文本页面，掌握网页文本的类型以及添加方法，能够对添加入页面的文本进行 CSS 样式设置。

网页的基本目的是传递信息，信息的最好的载体就是文字，因此文本是网页最基本的构成要素之一。

4.1.1　案例效果展示与分析

【效果展示】 本次案例以"古典音乐"为主题，制作一个简单的文本页面，并对文本进行 CSS 样式设置，最终效果如图 4-1 所示。

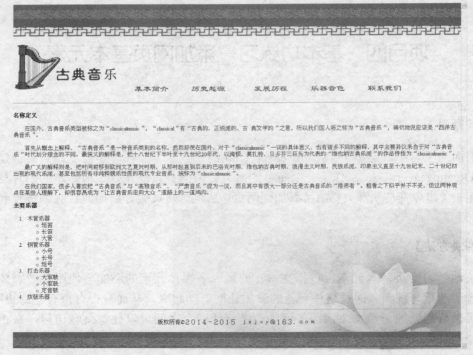

图 4-1　"基本简介"页面效果

【分析】从效果图上看，此页面由文本与图像组成，主体内容是文本。页面中"名称定义"与"主要乐器"为标题文本。"名称定义"后的文本为段落文本，"主要乐器"后的文本为列表文本，有编号列表，内部嵌套了项目列表。

网页上的图有四个，背景的荷花、顶部与底部的装饰图以及"古典音乐"LOGO 图。通过思考，四张图的实现方法为：LOGO 图像作为元素插入网页内部，其余三张图作为背景图。荷花图为 body 的背景图，然后在顶部与底部分别用段落背景来承载装饰图。

在导航后与版尾前有两条分隔线分隔网页内容。

4.1.2　添加网页内容

1．头部内容

（1）启动 Dreamweaver CS6，新建一个空白文档，保存为 index.html。

（2）将光标定位在"设计"视图中，按下 Enter 键，产生一个空的段落，用于承载顶部的图像。

说明：在"设计"视图中按下 Enter 键，会产生一个段落，与 Word 类似。在"代码"中会自动生成段落标签<p> </p>， 为空格代码。

（3）在"插入"面板的"常用"选项卡中单击"图像"按钮，打开"选择图像源文件"对话框，选择 logo.png，如图 4-2 所示。

（4）单击"确定"按钮，弹出"图像标签辅助功能属性"对话框，单击"确定"按钮，插入 LOGO 图像。

（5）将光标放在 LOGO 图像后，输入文本"基本简介"，然后打空格，再输入"历史起源"，再打空格，再输入"发展历程"，依此方法输入所有导航栏文本。

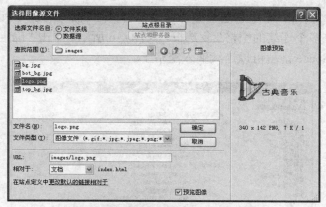

图 4-2　"选择图像源文件"对话框

（6）选择"基本简介"，在"属性"面板 HTML 选项卡的"链接"栏输入#，做成空的超链接。用同样的方法给其他几个导航栏文本添加空超链接。添加了超链接的文本会自动变成蓝色加下划线，这是系统设定的，如图 4-3 所示。

基本简介　　　历史起源　　　发展历程　　　乐器音色　　　联系我们

图 4-3　导航栏文本

（7）插入水平分隔线。在"插入"面板的"常用"选项卡中单击"水平线"按钮，如图 4-4 所示。插入一条水平线，作为导航栏与正文部分的间隔，效果如图 4-5 所示。

图 4-4　"水平线"命令

基本简介　　　历史起源　　　发展历程　　　乐器音色　　　联系我们

图 4-5　插入水平线效果

至此，头部内容添加完毕。下面讲解在添加文本内容中涉及到的知识。

（1）输入空格的方法。

在 Dreamweaver "设计"视图中默认只能输入一个空格，输入多个连续空格的方法如下：

方法一：按 Ctrl+Shift+Space 组合键。

方法二：执行"编辑"｜"首选参数"命令，打开"首选参数"对话框，在"常规"分类界面中勾选"允许多个连续的空格"复选框，如图 4-6 所示。单击"确定"按钮，就可在"设计"视图中通过按 Space 键就可以连续输入空格了。

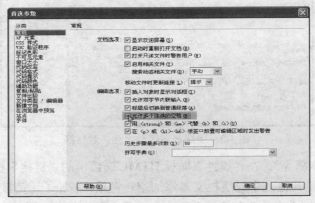

图 4-6 "首选参数"对话框

说明：在全角状态下按 Space 键，在代码中不会显示空格代码。

（2）文本的输入方法。

文本的输入方法有以下几种：

方法一：直接输入。

方法二：利用系统剪贴板将其他文档中的文本粘贴到网页文档中。一般先把要复制的内容放到文本文档中去掉格式，然后再从文本文档中复制粘贴到 Dreamweaver，否则会把文本的格式一起复制到 Dreamweaver 中。

方法三：可以将 XML 文档、表格式数据、Word 及 Excel 等文档中的完整内容直接导入到页面中。以导入 Word 文档内容为例进行说明。

选择"文件"｜"导入"｜"Word 文档"菜单命令打开"导入 Word 文档"对话框，选定要导入的 Word 文档，在"格式化"下拉列表中选择"仅导入文本"或是保留结构与格式，如图 4-7 所示。单击"打开"按钮即可导入文档。

图 4-7 "导入 Word 文档"对话框

　　向页面中导入的外部文档往往包含一些多余的代码，可以通过清除冗余代码功能来清除它们。方法是：执行"命令"｜"清理 Word 生成的 HTML"命令，打开"清理 Word 生成的 HTML"对话框，如图 4-8 所示。

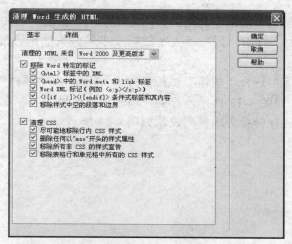

图 4-8 "清理 Word 生成的 HTML"对话框

2. 主体内容

　　（1）将光标定位在水平线后，按下 Enter 键，输入文本"名称定义"。选择"名称定义"，在"属性"面板 HTML 选项卡中的"格式"下拉列表中选择"标题 4"，如图 4-9 所示，把"名称定义"设置为标题 4 文本。

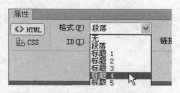

图 4-9 设置"标题 4"格式

　　（2）按 Enter 键，输入"名称定义"后面的段落文本，如图 4-10 所示。

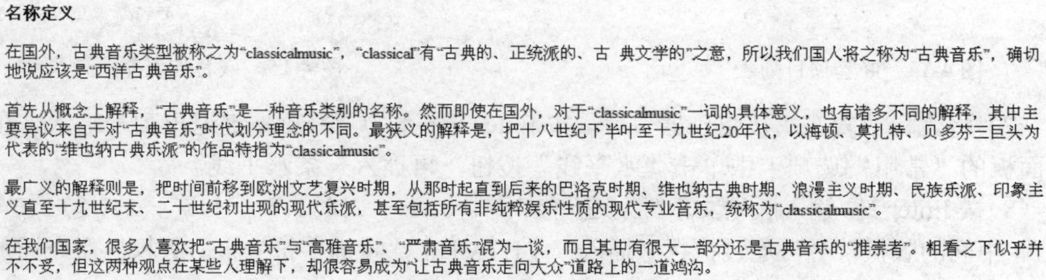

名称定义

在国外，古典音乐类型被称之为"classicalmusic"，"classical"有"古典的、正统派的、古 典文学的"之意，所以我们国人将之称为"古典音乐"，确切地说应该是"西洋古典音乐"。

首先从概念上解释，"古典音乐"是一种音乐类别的名称。然而即使在国外，对于"classicalmusic"一词的具体意义，也有诸多不同的解释，其中主要异议来自于对"古典音乐"时代划分理念的不同。最狭义的解释是，把十八世纪下半叶至十九世纪20年代，以海顿、莫扎特、贝多芬三巨头为代表的"维也纳古典乐派"的作品特指为"classicalmusic"。

最广义的解释则是，把时间前移到欧洲文艺复兴时期，从那时起直到后来的巴洛克时期、维也纳古典时期、浪漫主义时期、民族乐派、印象主义直至十九世纪末、二十世纪初出现的现代乐派，甚至包括所有非纯粹娱乐性质的现代专业音乐，统称为"classicalmusic"。

在我们国家，很多人喜欢把"古典音乐"与"高雅音乐"、"严肃音乐"混为一谈，而且其中有很大一部分还是古典音乐的"推崇者"。粗看之下似乎并不不妥，但这两种观点在某些人理解下，却很容易成为"让古典音乐走向大众"道路上的一道鸿沟。

图 4-10 名称定义文本

　　（3）按 Enter 键，输入"主要乐器"文字，设置为标题 4 格式。

　　（4）按 Enter 键，输入"木管乐器"。选择"木管乐器"，在"属性"面板的 HTML 选项卡下单击"编号列表"按钮，如图 4-11 所示，把"木管乐器"转换为列表。

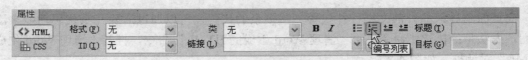

图 4-11　设置编号列表格式

（5）按 Enter 键，输入"短笛"。用同样的方法输入"长笛"、"大管"、"铜管乐器"、"小号"、"长号"、"短号"、"打击乐器"、"大军鼓"、"小军鼓"、"定音鼓"、"拨弦乐器"，如图 4-12 所示。

（6）制作嵌套列表。选择"短笛"、"长笛"、"大管"，在"属性"面板的 HTML 选项卡下单击"缩进"按钮，如图 4-13 所示，把这三项转换为嵌套列表。在选中这三项的同时再单击"项目列表"，把这三项转换为项目列表，如图 4-14 所示。

主要乐器

1. 木管乐器
2. 短笛
3. 长笛
4. 大管
5. 铜管乐器
6. 小号
7. 长号
8. 短号
9. 打击乐器
10. 大军鼓
11. 小军鼓
12. 定音鼓
13. 拨弦乐器

图 4-12　编号列表文本　　　　　　　　　　　　图 4-13　设置缩进

用同样的方法把"铜管乐器"与"打击乐器"内容做成嵌套列表。完成后的效果如图 4-15 所示。

1. 木管乐器
   ◦ 短笛
   ◦ 长笛
   ◦ 大管

主要乐器

1. 木管乐器
   ◦ 短笛
   ◦ 长笛
   ◦ 大管
2. 铜管乐器
   ◦ 小号
   ◦ 长号
   ◦ 短号
3. 打击乐器
   ◦ 大军鼓
   ◦ 小军鼓
   ◦ 定音鼓
4. 拨弦乐器

图 4-14　嵌套项目列表　　　　　　　　　　　　图 4-15　嵌套列表完成效果

（7）将光标放置在"拨弦乐器"后，按 Enter 键，再次按 Enter 键退出列表输入。在"插入"面板的"常用"选项卡中单击"水平线"按钮，再插入一条水平线。

（8）按 Enter 键，输入版尾文本"版权所有©２０１４－２０１５　ｊｓｊｘｙ@１６３．ｃｏｍ"。中间的版权符号可通过执行"插入"｜HTML｜"特殊字符"｜"版权"命令插入。

（9）按 Enter 键创建一个空段落，用于承载底部装饰图。

至此，网页所有内容添加完毕，结构代码如下，效果如图 4-16 所示。

```
<body>
<p> </p>
<p><img  src="images/logo.png"  width="340"  height="142"  />基本简介　　　历史起源
发展历程　　　乐器音色　　　联系我们　</p>
```

```
<hr />                                          <li>小号</li>
<h4>名称定义</h4>                                <li>长号</li>
<p>在国外, …                                     <li>短号</li>
<h4>主要乐器</h4>                                </ul>
<ol>                                           </li>
    <li>木管乐器                                <li>打击乐器
      <ul>                                        <ul>
        <li>短笛</li>                               <li>大军鼓</li>
        <li>长笛</li>                               <li>小军鼓</li>
        <li>大管</li>                               <li>定音鼓</li>
      </ul>                                       </ul>
    </li>                                       </li>
    <li>铜管乐器                                <li>拨弦乐器</li>
      <ul>                                    </ol>
<hr /><p>版权所有&copy;2014－2015  jsjxy@163.com</p>
<p> </p>
</body>
```

在国外，古典音乐类型被称之为"classicalmusic"，"classical"有"古典的、正统派的、古 典文学的"之意，所以我们国人将之称为"古典音乐"，确切地说应该是"西洋古典音乐"。

首先从概念上解释，"古典音乐"是一种音乐类别的名称。然而即使在国外，对于"classicalmusic"一词的具体意义，也有诸多不同的解释，其中主要异议来自于对"古典音乐"时代划分理念的不同。最狭义的解释是，把十八世纪下半叶至十九世纪20年代，以海顿、莫扎特、贝多芬三巨头为代表的"维也纳古典乐派"的作品特指为"classicalmusic"。

最广义的解释则是，把时间前移到欧洲文艺复兴时期，从那时起直到后来的巴洛克时期、维也纳古典时期、浪漫主义时期、民族乐派、印象主义直至十九世纪末、二十世纪初出现的现代乐派，甚至包括所有非纯粹娱乐性质的现代专业音乐，统称为"classicalmusic"。

在我们国家，很多人喜欢把"古典音乐"与"高雅音乐"、"严肃音乐"混为一谈，而且其中有很大一部分还是古典乐的"推崇者"。粗看之下似乎并不不妥，但这两种观点在某些人理解下，却很容易成为"让古典音乐走向大众"道路上的一道鸿沟。

主要乐器
1. 木管乐器
   - 短笛
   - 长笛
   - 大管
2. 铜管乐器
   - 小号
   - 长号
   - 短号
3. 打击乐器
   - 大军鼓
   - 小军鼓
   - 定音鼓
4. 拨弦乐器

版权所有©2014-2015 jsjxy@163.com

图4-16 添加文本效果

4.1.3 美化网页

1. 美化背景

（1）打开"CSS 样式"面板，单击面板右下角的按钮创建标签为 body 的 CSS 规则。

（2）在"body 的 CSS 规则定义"对话框中单击"背景"分类，设置背景颜色为白色#FFF，背景图像为 bg.jpg，不重复，位置为水平右对齐，垂直底对齐，如图 4-17 所示。

（3）单击"方框"分类，设置外边距 Magin 全为 0，如图 4-18 所示。

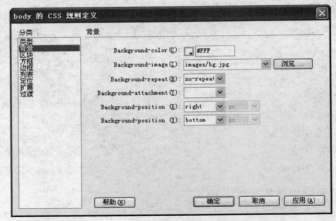

图 4-17 设置 body 背景属性

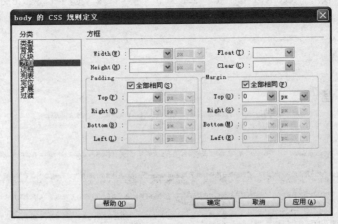

图 4-18 设置 body 外边距

（4）用同样的方法创建类名为 top 的 CSS 规则，在 ".top 的 CSS 规则定义" 对话框的 "背景" 分类中设置 Background-image 为 top_bg.jpg，将 Background-repeat 设置为 repeat-x；在 "方框" 分类中设置 Height 为 92px。

（5）选择第一个空段落，在 "属性" 面板的 HTML 选项卡中的 "类" 下拉列表中选择 top，应用 top 样式。

（6）创建类名 bot 的 CSS 规则，在 ".top 的 CSS 规则定义" 对话框的 "背景" 分类中设置 Background-image 为 bot_bg.jpg，将 Background-repeat 设置为 repeat-x；在 "方框" 分类中设置 Height 为 46px。

（7）选择最后一个空段落，在 "属性" 面板的 HTML 选项卡中的 "类" 下拉列表中选择 bot，应用 bot 样式。

美化完毕，CSS 规则代码如下，效果如图 4-19 所示。

```
body {
        background: #FFF url(images/bg.jpg) no-repeat right bottom;   /*网页背景图*/
        margin: 0px;
}
.top {
        background-image: url(images/top_bg.jpg) repeat-x top;   /*顶部装饰图*/
```

```
    height: 92px;
  }
  .bot {
    background-image: url(images/bot_bg.jpg) repeat-x;   /*顶部装饰图*/
    height: 46px;
  }
```

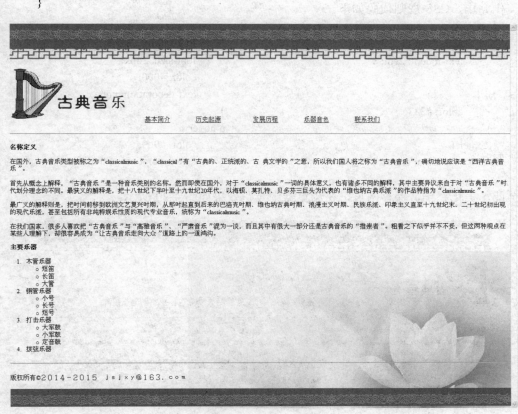

图 4-19　背景设置效果

2. 美化文字效果

文字效果主要是段落首行缩进，颜色为深灰色，列表文本颜色也为深灰色，版尾文本居中。超链接文本字体为"隶书"，字体大小为 24px，无下划线，光标移到超链接文本上时文本为紫色，有下划线。

（1）创建类名 p1 的 CSS 规则，在".p1 的 CSS 规则定义"对话框的"类型"分类中设置 Color 为#333，在"区块"分类中设置 Text-indent 为 2ems。

（2）选择所有要首行缩进的段落，在"属性"面板的 HTML 选项卡中的"类"下拉列表中选择 p1，应用 p1 样式。

（3）创建标签 li 的 CSS 规则，在"li 的 CSS 规则定义"对话框的"类型"分类中设置 Color 为#333。

（4）创建类名为 center 的 CSS 规则，在".center 的 CSS 规则定义"对话框的"区块"分类中设置 Text-align 为 center。

（5）选择版尾文字段落，在"属性"面板的 HTML 选项卡中的"类"下拉列表中选择 center，应用 center 样式。

（6）创建标签为 a 的 CSS 规则，在"a 的 CSS 规则定义"对话框的"类型"分类中设置 Font-family 为"隶书"，Font-size 为 24px，Color 为#090，Text-decoration 为 none。

（7）创建复合为 a:hover 的 CSS 规则，在"a:hover 的 CSS 规则定义"对话框的"类型"分类中设置 Color 为#909，Text-decoration 为 underline。

美化完毕，CSS 规则代码如下。

```
.p1 {                              a {
    color: #333;                       font-family: "隶书";
    text-indent: 2em;                  font-size: 24px;
}                                      color: #090;
li {                                   text-decoration: none;
    color: #333;                   }
}                                  a:hover {
.center {                              color: #909;
    text-align: center;                text-decoration: underline;
}                                  }
```

至此，美化完毕，保存网页，在浏览器中预览效果如图 4-20 所示。

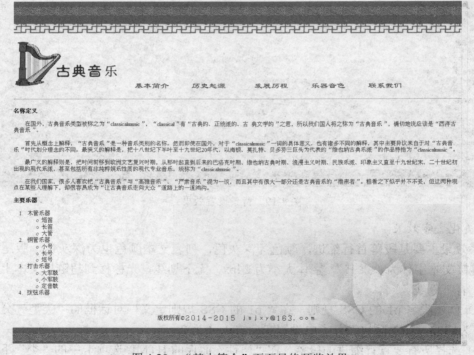

图 4-20 "基本简介"页面最终预览效果

4.2 任务 2：制作图文混排网页——"古典音乐"之历史起源

任务目标：利用 Dreamweaver 制作图文混排页面，掌握各种图像元素的添加方法与设置。

图片的应用可以令网页生动多彩，更加吸引浏览者的眼球，其影响力胜过千言万语，在网页中添加文本和图像并恰当地设置属性是网页制作的基本技能。

4.2.1 案例效果展示与分析

【效果展示】本次案例制作古典音乐网下的"历史起源"页面，效果如图4-21所示。

图 4-21 "历史起源"页面效果

【分析】此页面的头部、版尾，背景与顶底装饰图与"基本简介"页面完全一样，只是主体内容不一样，因此可以直接在"基本简介"页面上修改主体内容而成。主体内容由文本与图像组成，头尾添加了图像，图像居中显示。内容文本的格式与"基本简介"页面主体文本内容格式也一样。

4.2.2 添加网页内容

（1）打开前面完成的 index.html，执行"文件"｜"另存为"命令，在弹出的对话框中将文件重命名为 history.html，将原有页面中的基本简介资料删除。

（2）将光标定位在删除内容的位置，在"插入"面板的"常用"选项卡中单击"图像"｜"图像占位符"选项，如图 4-22 所示，打开"图像占位符"对话框，如图 4-23 所示设置参数。

（3）单击"确定"按钮，效果如图 4-24 所示。

在网页布局时，有时需要先设计图像在网页中的位置，等设计方案通过后，再将这个位置变成具体的图像，使用图像占位符功能可在网页中预留相应大小的位置。

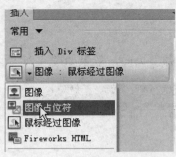

图 4-22　"图像占位符"选项　　　　　　　图 4-23　"图像占位符"对话框

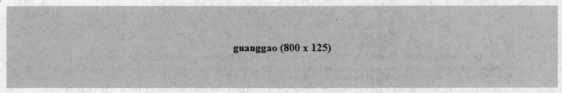

图 4-24　图像占位符

当图像准备好后，双击图像占位符，打开"选择图像源文件"对话框，在资源列表中选定图像文件，单击"确定"按钮完成替换。

（4）按 Enter 键，输入"历史起源"相关文本。

（5）按 Enter 键，输入文本"中国古典音乐名曲"。选择"中国古典音乐名曲"，在"属性"面板 HTML 选项卡下的"格式"下拉列表中选择"标题 2"，将其设置为标题 2 文本。

（6）按 Enter 键，在"插入"面板的"常用"选项卡中单击"图像"按钮，在打开的"选择图像源文件"对话框中选择 gsls.jpg（高山流水），单击"确定"按钮，打开"图像标签辅助功能属性"对话框，如图 4-25 所示设置。

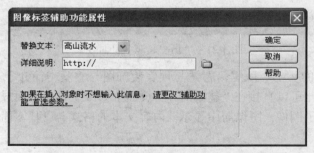

图 4-25　"图像标签辅助功能属性"对话框

（7）单击"确定"按钮，插入 gsls.jpg。

（8）选择图像，在"属性"面板锁定比例，设置其"高"为 200px。

（9）用同样的方法插入图像 mhsn.jpg（梅花三弄）、gls.jpg（广陵散）。将这两张图片的高度都设为 200px。

（10）在"插入"面板的"常用"选项卡中单击"图像"｜"鼠标经过图像"选项，如图 4-26 所示，打开"插入鼠标经过图像"对话框。

（11）通过单击"浏览"按钮设置好"原始图像"与"鼠标经过图像"，如图 4-27 所示。单击"确定"按钮，即插入"鼠标经过图像"。

（12）在每幅图像后输入几个空格让图像分隔开。

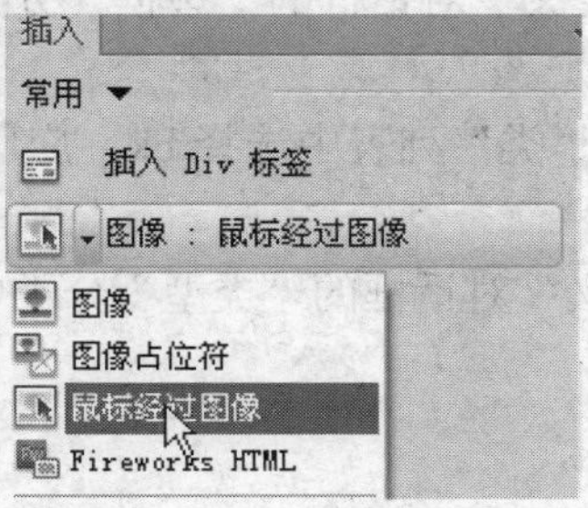

图 4-26　"鼠标经过图像"选项 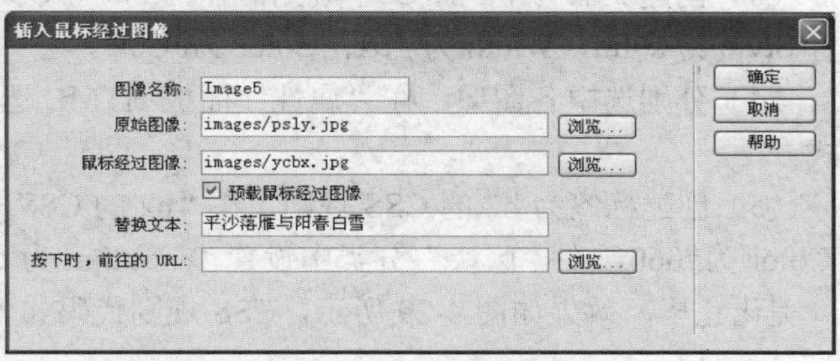　　　　图 4-27　"插入鼠标经过图像"对话框

内容添加完毕，效果如图 4-28 所示。

图 4-28　内容添加完毕效果

4.2.3　美化网页

从效果图上可以看出要美化内容为：主体文本内容首行缩进，颜色为深灰色。图像占位符与后面的图像居中显示，图像有紫色边框。"中国古典音乐名曲"文本居中显示，颜色为深绿色。

（1）主体内容文本格式与 wenben.html 中的文本格式一致，因此，可以直接应用前面设置的样式。选择主体所有段落文本，在"属性"面板 HTML 选项卡的"类"列表中选择 p1，或在 CSS 选项卡的"目标规则"列表中选择 p1，应用 p1 样式。

（2）图像占位符与所有图像居中显示，与版尾的格式一致，因此，也可以直接应用前面设置好的样式。分别选择图像占位符所在的段落与图像所在的段落，用同上的方法应用 center

样式。

（3）创建类名为 bk 的 CSS 规则，在 ".bk 的 CSS 规则定义"对话框的"边框"分类中设置 Style 为 solid，Width 为 1px，Color 为#C0C。

（4）分别选中各图像，在"属性"面板 HTML 选项卡的"类"列表中选择 bk，应用 bk 样式。

（5）创建标签为 h2 的 CSS 规则，在 "h2 的 CSS 规则定义"对话框的"类型"分类中设置 Color 为#060，在"区块"分类中设置 Text-align 为 center。

美化完毕，效果如图 4-29 所示，CSS 规则代码如下：

```
h2 {
    color: #060;
    text-align: center;
}
.bk {
    border: 1px solid #C0C;
}
```

图 4-29　最终效果

4.3　任务 3：制作多媒体网页——"古典音乐"之乐器音色

任务目标：利用 Dreamweaver 制作包含多媒体内容的网页，以此学习并掌握各种媒体元素的添加方法。

多媒体元素主要包括声音、动画与视频。多媒体元素可以给浏览者的听觉与视觉带来强烈的震撼，从而留下深刻的印象。

4.3.1　案例效果展示与分析

【效果展示】本案例制作古典音乐网下的"乐器音色"页面，效果如图 4-30 所示。

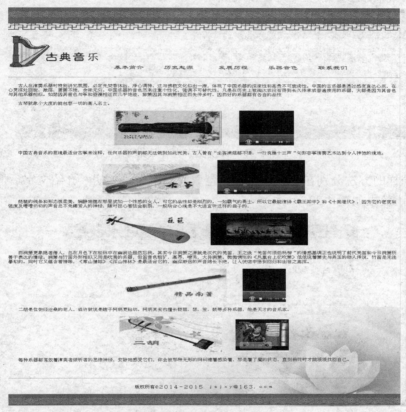

图 4-30　"乐器音色"页面效果

【分析】此页面由文本、图像、多媒体元素组成。主体内容分为五个部分，古琴、古筝、琵琶、洞箫、二胡。每部分由文本介绍、图像以及对应乐器音频或视频组成。所有文本首行缩进，颜色为深灰色，图像与多媒体元素居中对齐。

4.3.2　制作网页

1. 制作文本内容

（1）打开前面完成的 index.html，执行"文件"｜"另存为"命令，在弹出的对话框中将文件重命名为 media.html。

（2）将原有页面中的基本简介资料删除，替换为音乐音色的内容。

（3）选择正文所有段落文本，以与上节相同的方法应用 p1 样式，效果如图 4-31 所示。

2. 添加图片

（1）将光标定位在"古琴"介绍文字后，按 Enter 键，按上一节中所讲述的方法，为页面添加古琴图片，调整图片大小到合适尺寸。

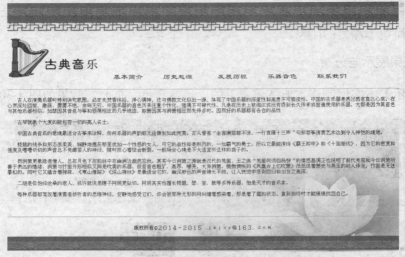

图 4-31　替换文字内容效果

（2）用同样的方法分别在"古筝"、"琵琶"、"洞箫"、"二胡"介绍文字后插入相应的图片。添加完毕，效果如图 4-32 所示。

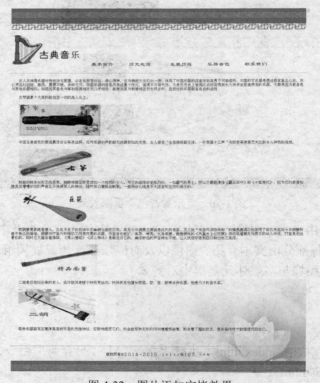

图 4-32　图片添加完毕效果

3. 添加 MP3 音乐

（1）在"插入"面板的"常用"选项卡中单击"媒体"｜"插件"选项，如图 4-33 所示，打开"选择文件"对话框，选择 music 目录下的"梅花三弄-古琴.mp3"，如图 4-34 所示。

（2）单击"确定"按钮即可添加 MP3 到网页中，如图 4-35 所示。

图 4-33 "插件"选项

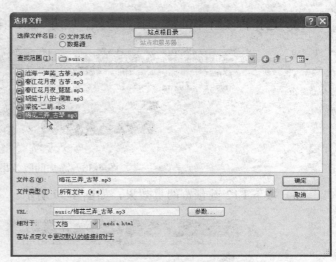

图 4-34 选择需要插入的音乐文件

图 4-35 音乐插入后的效果

（3）选择插入的 MP3 插件，在"属性"面板中修改其宽高或直接拖动插件上的手柄调整其宽高到合适尺寸，修改后的效果如图 4-36 所示。

图 4-36 调整音乐插件大小

（4）输入法切换为全角状态，在古琴图片和 MP3 插件之间添加空格，效果如图 4-37 所示。

图 4-37 添加间隔效果

（5）选择古琴图片和 MP3 插件对象，应用 center 样式，居中显示，效果如图 4-38 所示。

图 4-38 添加间隔效果

（6）按下 F12 键预览网页效果，如图 4-39 所示。

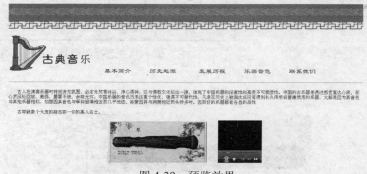

图 4-39 预览效果

（7）重复步骤（1）～（5）操作，为洞箫部分添加 MP3。

4. 添加 Flash 动画

（1）将光标放置在琵琶图片后，单击"插入"面板"常用"选项卡中的"媒体"｜SWF 选项，如图 4-40 所示。

（2）在弹出的"选择 SWF"对话框中，选择 flash 目录中的 pipa.swf，如图 4-41 所示，单击"确定"按钮即可添加 Flash 动画到网页中。

图 4-40 SWF 选项

图 4-41 选择需要插入的 SWF 文件

（3）调整 SWF 文件的大小，使其与琵琶图片的高度一致。

（4）选择琵琶图片和 Flash 动画，应用 center 样式。

（5）在琵琶图片和 Flash 动画之间添加空格增加间隔，效果如图 4-42 所示。

图 4-42　琵琶图像动画效果

5.　添加 AVI 视频

（1）将光标放置在古筝图片后，单击"插入"面板"常用"选项卡中的"媒体"｜"插件"选项，在弹出的"选择文件"对话框中，选择视频目录中的"古筝 1.avi"，单击"确定"按钮即可添加视频到网页中，如图 4-43 所示。

图 4-43　视频插入后效果

（2）选择插入的视频插件，在"属性"面板中修改其宽高，或直接拖动插件上的手柄调整其宽高到合适尺寸，修改后的效果如图 4-44 所示。

图 4-44　调整视频对象大小

（3）选择古筝图片和视频插件对象，应用 center 样式。

（4）在古筝图片和视频插件之间添加空格增加间隔，效果如图 4-45 所示。

图 4-45　增加间隔效果

6. 添加 FLV 视频

（1）将光标放置在二胡图片后，单击"插入"面板"常用"选项卡中的"媒体"｜FLV 选项，如图 4-46 所示，弹出"插入 FLV"对话框。

（2）单击 URL 栏的"浏览"按钮，打开"选择 FLV"对话框，选择 video 目录中的"二胡.flv"，单击"确定"按钮。单击"检测大小"按钮检测"二胡.flv"的大小。如果不检测或不能检测，则可手动输入其"宽度"与"高度"。设置完成，如图 4-47 所示。

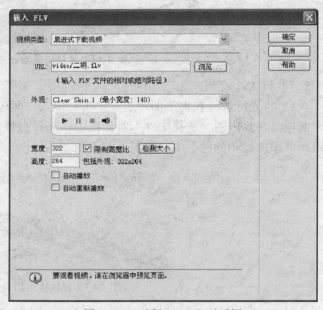

图 4-46　FLV 选项　　　　　　　　图 4-47　"插入 FLV"对话框

- 视频类型：有两种，分别为"累进式下载视频"和"流视频"。"累进式下载视频"方式是将 FLV 文件下载到站点访问者的硬盘上，然后进行播放。与传统的"下载并播放"视频传送方法不同的是，累进式下载允许在下载完成之前就开始播放视频文件。"流视频"方式是对视频内容进行流式处理，并在一段可确保流畅播放的很短的缓冲时间后在网页上播放该内容。若要在网页上启用流视频，必须具有访问 Adobe Flash Media Server 的权限。
- URL：FLV 文件的路径或服务器地址。
- 外观：视频组件的外观，即视频播放时将要显示的外观及播放控件类型。
- 宽度和高度：以像素为单位指定 FLV 文件的宽、高值。若要让 Dreamweaver 确定 FLV 文件的准确宽度，可单击"检测大小"按钮。如果 Dreamweaver 无法确定宽度，必须键入宽、高值，此时要注意宽度不能小于"外观"中设置的最小宽度。
- 限制高宽比：保持视频组件的宽度和高度之间的比例不变，此为默认设置。
- 自动播放：在 Web 页面打开时是否播放视频。
- 自动重新播放：播放控件在视频播放完后是否返回起始位置。

（3）单击"确定"按钮，完成 FLV 视频的插入。

（4）选择插入的 FLV 视频，在"属性"面板调整其宽与高到合适尺寸。

（5）选择二胡图片和 FLV 视频，应用 center 样式。

（6）在二胡图片和 FLV 视频之间添加空格增加间隔，效果如图 4-48 所示。

图 4-48 添加 FLV 并设置样式后的效果

（7）按下 F12 键预览网页效果如图 4-32 所示。

4.4 任务 4：整合网页——添加超链接

任务目标：把前面制作的网页链接起来实现互相跳转访问，以此学习各种超链接的添加方法。

超链接是网页的灵魂，它使网站中的众多网页构成一个整体，使浏览者能够在各个页之间穿梭跳转。可以说，一个网页如果没有了超链接，就不能称之为一个真正的网页。超链接是指示浏览器跳转到新的页面或其他位置的"快捷方式"，一般由文本、图像或其他网页元素来实现。

4.4.1 文本与图像超链接

1. 文本超链接

（1）打开 index.html 文件，为导航栏添加超级链接。首先选择"基本简介"，在"属性"面板的 THML 选项卡的"链接"栏中删除前面添加的空链接符号#，然后输入 index.html，如图 4-49 所示。或单击"浏览文件"按钮📁打开"选择文件"对话框，选择 index.html，单击"确定"按钮，完成"基本简介"超链接。

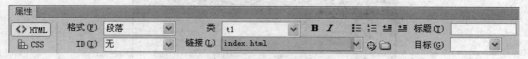

图 4-49 设置链接对象

还可以单击并按住"指向文件"按钮⊕不放，拖动鼠标指向右侧"文件"面板中要链接的文档，如图 4-50 所示。

提示：在这里因为所有页面在同一目录下，因此可以直接输入文档名，如果要链接的文件不在同一目录下，在直接输入时要注意链接文件的位置路径。如果要链接到 Internet 网页，则在输入时要完整输入网页的 URL 地址，例如：http://www.sina.com.cn。

（2）在"属性"面板的"目标"下拉列表中选择_blank，如图 4-51 所示。

目标：链接文档打开方式，有以下几种：

- _blank 与 new：将链接的页面内容在新窗口打开。
- _parent：将链接的页面内容在父框架中打开。
- _self：将链接的页面内容在本窗口打开。

- _top：将链接的页面内容在整个浏览器窗口中打开，因此会取消所有框架。

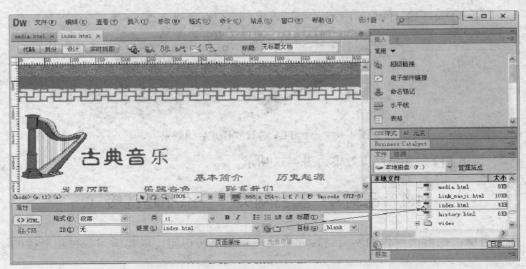

图 4-50　使用"指向文件"按钮链接

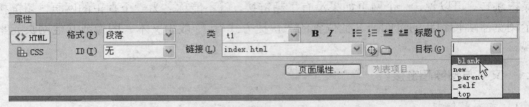

图 4-51　设置打开方式

制作文本超链接的方法除了在"属性"面板中直接设置外，还可以在"插入"面板的"常用"选项卡中单击"超链接"按钮，打开"超级链接"对话框，如图 4-52 所示，设置相应参数，单击"确定"按钮即可添加超链接。

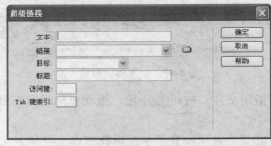

图 4-52　"超级链接"对话框

图 4-52 所示的"超级链接"对话框中部分选项的功能介绍如下：

- 文本：设置要创建超链接的文本。如果是给已有文本添加超链接，则 Dreamweaver 会自动添加选中的文本。
- 链接：指定链接目标对象的路径，可以直接输入，也可以通过单击后面的"浏览"按钮，在打开的"选择文件"对话框中进行选择。
- 目标：指定链接目标打开的窗口，其中_blank 表示在新窗口中打开、_parent 表示在上级窗口中打开（主要用于框架结构的网页中）、_self 表示在当前窗口中打开、_top 表示在顶层窗口中打开（主要用于框架结构的网页中）。

● 标题：设置链接的标题。在浏览器中，当光标置于超链接文本上时，将在其后出现一个黄色的浮动框并显示超链接标题的名称。

（3）用同样的方法将"历史起源"链接到 history.html，将"乐器音色"链接到 media.html。

（4）用同样的方法完成 history.html、media.html 页面中导航栏相应文本的链接。

2. 图像超链接

为图像添加超链接的方法与为文本添加超链接的方法一样。

打开"历史起源"页面，为里面的古典音乐名曲图添加空链接。选择图像，在"属性"面板的"链接"栏中输入#即可。

4.4.2 电子邮件超链接

电子邮件超链接，可以方便用户打开浏览器默认的邮件处理程序进行发送电子邮件的操作，收件人地址即为电子邮件链接指定的邮箱地址。

（1）打开 index.html 文件，选择"联系我们"，在"插入"面板的"常用"选项卡中单击"电子邮件超链接"按钮，如图 4-53 所示，打开"电子邮件链接"对话框，在"电子邮件"文本框中输入邮箱地址，如图 4-54 所示，单击"确定"按钮。

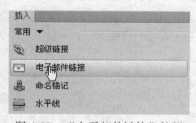

图 4-53 "电子邮件链接"按钮

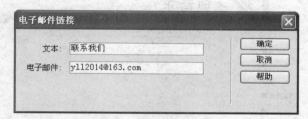

图 4-54 "电子邮件链接"对话框

（2）查看"属性"中的"链接"栏，自动添加了 mailto:yll2014@163.com。因此，如果要手动在"链接"栏输入链接对象，则格式为"mailto:邮箱地址"。

（3）保存文档，在浏览器中预览，单击"联系我们"，会弹出邮件发送，效果如图 4-55 所示。

图 4-55 "电子邮件链接"效果

（4）用同样的方法完成 history.html、media.html 页面中"联系我们"的链接。

4.4.3　锚记超链接

锚记链接可以跳转到本页面或其他页面的指定位置，即锚记处。当一个页面内容太长，查看拖动滚动条不方便，就可以使用锚记链接来进行定点跳转。

在网页中制作锚记链接分为两个步骤，一是在网页中创建锚点，二是为锚点建立链接。

前面制作的 video.html 网页内容就比较长，在这里为其制作锚记链接使其能够快速定位。video.html 内容主要为中国古典乐器介绍，并附上乐器图与音乐或视频。我们要实现的效果为，单击"古筝"则跳转到古筝处，单击"二胡"则跳转到二胡处，以此类推，制作步骤如下：

（1）打开 media.html 文件，执行"文件"｜"另存为"命令，在弹出的对话框中将文件重命名为 link_maoji.html。

（2）在正文的顶部输入文本"古琴"，按 Enter 键。选择"古琴"，将其设置为 h3 格式。

（3）将光标定位在"古琴"后，按 Enter 键，输入"古筝"。用同样的方法分别输入"琵琶"、"洞箫"、"二胡"。

（4）选择刚才输入的所有文本，在"属性"面板的 HTML 选项卡中单击"格式"下拉列表中的"标题 3"，将其设置为 h3 格式，效果如图 4-56 所示。

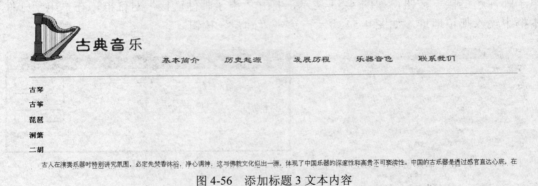

图 4-56　添加标题 3 文本内容

（5）创建锚点。将光标定位在正文第二段古琴介绍文字前，在"插入"面板的"常用"选项卡中单击"命名锚记"按钮，打开"命名锚记"对话框，在"锚记名称"文本框中输入m1，如图 4-57 所示。

（6）单击"确定"按钮，在古琴前面出现一个锚点标记，如图 4-58 所示。

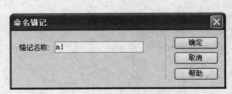

图 4-57　命名锚记

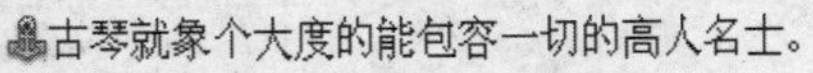

🔊古琴就象个大度的能包容一切的高人名士。

图 4-58　锚记标记

（7）建立链接。选择前面输入的文本"古琴"，在"属性"面板的"链接"文本框中输入#m1，格式为#字符加锚记名称，如图 4-59 所示。添加完毕后，"古琴"两字自动应用 a 的样式，变成深绿色。

（8）重复步骤（5）～（7），分别为"古筝"、"琵琶"、"洞箫"、"二胡"添加锚记链接，跳转到各自对应的介绍文字段落处。

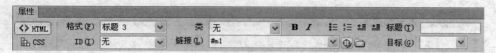

图 4-59 锚记链接设置

（9）美化"古琴"、"古筝"、"琵琶"、"洞箫"、"二胡"。创建标签 h3 的 CSS 规则，在"h3 的 CSS 规则定义"对话框的"方框"分类中设置 Margin-left 为 30px，Margin-top 为 0px，Margin-bottom 为 0px ，Margin-right 为 0px。

CSS 规则代码如下，效果如图 4-60 所示。

```
h3 {
    margin: 0px 0px 0px 30px;
}
```

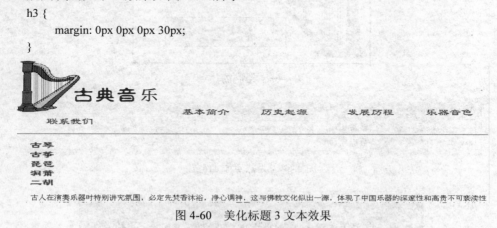

图 4-60 美化标题 3 文本效果

4.4.4 热点超链接

在 Dreamweaver 中不仅可以方便地为一幅图像添加超链接，还可以为图像中不同的区域创建不同的超链接，即"热点"也称为"热区"链接。当光标进入"热区"后变为"手型"，单击时，会打开链接对象。

在这里为 LOGO 图片上的文字添加超链接，操作步骤如下：

（1）绘制热区。打开 index.html 文件，在页面中选中 LOGO 图标，选择"属性"面板左下角的矩形工具，如图 4-61 所示。

图 4-61 绘制热点工具

（2）在 LOGO 图上按住鼠标左键拖动把"古典音乐"文字区域绘制出来，弹出提示框，如图 4-62 所示。

（3）单击"确定"按钮。绘制的热点如图 4-63 所示。热点为浅蓝色半透明，热点的四周带有控制点，可调整热点区域的位置或大小。热点在预览时是不显示的。

（4）选择热区，在"属性"面板的"链接"文本框中输入链接对象文件即可，如图 4-64 所示。

（5）保存网页，在浏览器中预览效果如图 4-65 所示。

图 4-62　Dreamweaver 提示框

图 4-63　绘制的热点

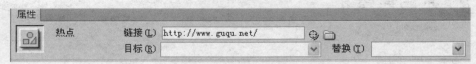

图 4-64　为热点添加链接

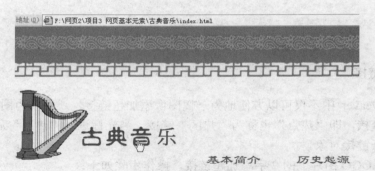

图 4-65　热点链接预览效果

（6）用同样的方法为其他几个页面的 LOGO 上的文本添加热点超链接。

思考练习

一、填空题

1、超链接文本被浏览器用一种特殊颜色并带_____的字体醒目地显示出来。

2、创建文字超链接的步骤是：先选中要创建超链接的文字，然后在_____的"链接"文本框中输入目标文件的 URL（相对或绝对）。

3、导航条能十分有效地实现超级链接功能，它总结了整个站点主要页面的_____，通过单击导航条上的链接，就可以跳转到相应的页面进行浏览。

4、所谓电子邮件超链接就是指当浏览者单击该超链接时，系统会启动客户端_____程序。

5、视频可被下载给用户，或者可以在下载它的同时_____它。

二、选择题

1、制作好网页后要在 IE 浏览器中浏览应按（　　）键。

　　A、F2　　　　　　　　B、F12　　　　　　　　C、F11　　　　　　　　D、F1

2、图像热点链接是利用热点工具将一个图像划分为多个热点作为链接点，再单独对每个热点添加相应的链接。上述定义为（　　）。

　　A、对　　　　　　　　B、错

3、单击导航条上的链接，就可以跳转到相应的页面进行浏览。上述定义为（　　）。

　　A、对　　　　　　　　B、错

4、链接文本被浏览器用一种特殊颜色并带下划线的字体醒目地显示出来，当用户光标进入其区域时会变成（　　）形状。

　　A、十字　　　　　　　B、手　　　　　　　　C、箭头　　　　　　　　D、沙漏

5、对于段落中的图像，你还可以利用（　　）属性定义图与文本行的对齐方式。

　　A、Align　　　　　　　B、Right　　　　　　　C、Left　　　　　　　　D、Bottom

6、Web 浏览器要播放声音和视频文件必须把这些文件作为一个超链接中的（　　）。

　　A、文件名　　　　　　B、URL　　　　　　　C、链接文本　　　　　　D、链接图像

7、创建导航条是将插入点定位到要插入导航条的地方，在"插入"栏的（　　）类别中操作。

　　A、布局　　　　　　　B、常用　　　　　　　C、表单　　　　　　　　D、文本

8、在"电子邮件链接"对话框中，在"文本"文本框中应输入（　　）。

　　A、空白

　　B、电子邮件地址

　　C、用于超链接的文本和电子邮件地址

　　D、用于超链接的文本

9、插入图像时如果所选择的图像文件不是站点中的文件，则（　　）。

　　A、不能使用

　　B、Dreamweaver CS6 会提示是否保存到站点相应目录

　　C、Dreamweaver CS6 会提示是否直接使用本机其他目录的图像文件

　　D、以上都不对

10、在网页中要插入在 Flash 制作软件中完成的 Flash 动画，应在"插入栏"的"常用"选项卡中单击（　　）按钮进行操作。

　　A、媒体　　　　　　　B、表格　　　　　　　C、图像　　　　　　　　D、超级链接

11、执行插入声音文件后在文档中会出现声音文件占位符图标，单击该图标会（　　）。

　　A、打开要播放的声音文件　　　　　　B、打开"属性检查器"对话框

　　C、直接播放该声音文件　　　　　　　D、以上都不对

拓展训练

设计并制作个人网站，要求制作不少于 3 个网页，网页内要包含所学过的所有网页元素，并添加超链接把各网页链接起来。

项目五　井然有序－应用表格

【问题引入】

在前面的学习中，介绍了各类基本网页的设计与制作。在设计与制作过程中，只是简单地添加了各种页面元素，对于页面中各个元素的位置摆放也没有太好的解决办法，只能通过手动进行调整，效率低下，效果也不太好。那么有没有比较简洁的，可以对页面的布局进行设计与布局的方法呢？

【解决方法】

网页设计布局是整个站点规划中非常重要的一环，它好像一个整体的大框架，将网页上的各种 Web 元素整合到网页内部。其中，网页布局普遍使用的是表格式布局样式，表格可以精确定位网页元素，布局方式简单，所见即所得，基本上想要的效果都能够轻松实现，各种软件的支持也较为成熟。

【学习任务】

- 创建表格
- 编辑表格
- 设置表格属性
- 表格布局网页

【学习目标】

- 掌握表格的创建方法
- 掌握表格的基本操作
- 熟悉表格属性
- 能够使用表格布局网页

5.1　任务 1：认识表格——制作岗位竞聘表

任务目标：通过一个实际案例来认识表格，熟悉表格操作：表格的创建、编辑以及属性设置。

表格由一行或多行组成，而每行又由一个或多个单元格组成，用于放置数据或其他内容。表格中的单元格是行与列的交叉部分，它是组成表格的最基本单元。单元格可以拆分，也可以合并。

5.1.1　案例效果展示与分析

【效果展示】本案例为使用 Dreamweaver CS6 制作一个岗位竞聘表，案例效果如图 5-1 所示。

岗位竞聘表

姓名		性别		出生年月			籍贯	
民族		身份证号					政治面貌	
第一学历		毕业时间		毕业院校及专业				学位
最后学历		毕业时间		毕业院校及专业				学位
参加工作时间			进入本单位时间			现工资序列		
现职务/职称时间								
竞聘依据								

图 5-1 案例效果

【分析】从效果图上可以看出，这是一个 9 行 8 列带边框的表格，表格中有些单元格进行了合并，单元格中的文本均居中显示。

5.1.2 创建表格

（1）启动 Dreamweaver CS6，创建空白 HTML 文档。

（2）将光标定位在"设计"视图中，在"插入"面板的"常用"选项卡中单击"表格"按钮，如图 5-2 所示，打开"表格"对话框。根据分析按如图 5-3 所示设置参数。

图 5-2 "表格"按钮

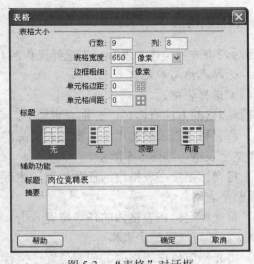

图 5-3 "表格"对话框

"表格"对话框中各项参数的含义介绍如下：

● 行数：指定表格的行数。

● 列数：指定表格的列数。

- 表格宽度：指定以像素为单位或按占浏览器窗口"百分比"的表格宽度。
- 边框粗细：指定表格边框的宽度（以像素为单位）。若希望浏览器不显示边框，可将其值设置为 0 像素。
- 单元格边距：指定单元格内容与单元格边框之间的距离，单位是像素。
- 单元格间距：指定相邻的单元格之间的距离，单位是像素。
- 无：对表格不启用列或行标题。
- 左：将表格的第一列作为标题列。
- 顶部：将表格的第一行作为标题行。
- 两者：能够在表格中输入列标题和行标题。
- 标题：提供一个显示在表格外的表格标题。
- 摘要：表格的说明信息。

说明：在 Dreamweaver 中，最常用的单位就是 px（像素）和%（百分比）。px 为绝对单位，%为相对单位。

（3）单击"确定"按钮，在 Dreamweaver 中插入表格，如图 5-4 所示。

图 5-4　插入表格

5.1.3　调整表格

要对表格进行操作，就必须先选择操作的对象。

1. 选择表格与单元格

（1）选择表格。

选择表格的方法有多种，分别介绍如下：

1）将鼠标移到表格的上下边框或表格的四个顶角，当鼠标变成表格网格图标时，单击即可选择整个表格，如图 5-5 所示。

2）将光标定位在表格内的任意位置，然后在状态栏左侧显示标签处选择<table>标签，即可选择整个表格。

3）将光标定位在表格内的任意位置右击，在弹出的快捷菜单中选择"表格"|"选择表格"命令，即可选择整个表格。

4）将光标定位在表格内的任意位置，执行"修改"|"表格"|"选择表格"命令，即可选择整个表格。

表格选中后，表格四周会出现黑色边框，并显示控制柄，将光标放在控制柄上拖动即可调整表格大小。

图 5-5　选择表格

（2）选择单元格。

单击某个单元格即可将其选中，若选择多个单元格，可使用下面提供的方法来完成：

1）选择整行单元格：将光标移到行的最左边，当光标变成一个向右箭头时，单击即可选中整行单元格，如图 5-6 所示。

2）选择整列单元格：将光标移到列的最上边，当光标变成一个向下箭头时，单击即可选中整列单元格，如图 5-7 所示。

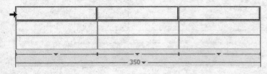

图 5-6　选择整行单元格

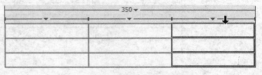

图 5-7　选择整列单元格

3）选择连续的多个单元格：在需要选择的单元格中单击，然后按住鼠标左键不放，同时向相邻的单元格方向拖曳，被拖到的单元格出现黑色边框，表示它们被选中，如图 5-8 所示。

4）选择不连续的多个单元格：按住 Ctrl 键的同时，单击任意个不相邻的单元格，可以选中不相邻的多个单元格，如图 5-9 所示。

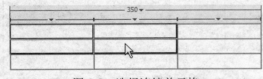

图 5-8　选择连续单元格

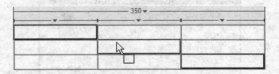

图 5-9　选择不连续单元格

5）选择表格的所有单元格：在第 1 个单元格中单击，按住 Shift 键的同时单击最后一个单元格即可选中所有单元格，如图 5-10 所示。

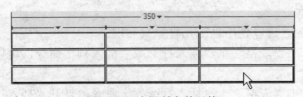

图 5-10　选择所有单元格

2. 合并拆分单元格

合并是指把多处单元格合并为一个单元格；拆分是指把一个单元格拆分为多个单元格。在实际应用中经常会用到合并与拆分。以案例来讲解合并与拆分单元格。

（1）从图 5-1 所示的效果图中可以看出第二行的 3、4 列进行了合并。选择第二行的 3、4 列单元格，在"属性"面板上单击"合并"按钮□，如图 5-11 所示，即可合并这两个单元格。

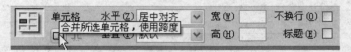

图 5-11　"合并"按钮

（2）用同样的方法合并第二行的 5、6 列单元格；合并第三行的 1、2 列单元格，3、4 列单元格，5、6、7 列单元格；第四、五、六行与第三行完全相同；合并第七行的 1、2 列单元格，3、4 列单元格；合并第八行的 1、2、3 列单元格，4、5、6、7、8 列单元格；合并第九行的 1、2 列单元格，3、4、5、6、7、8 列单元格。操作完成后的效果如图 5-12 所示。

图 5-12　"岗位竞聘表"合并完成效果

拆分单元格的方法与合并类似，选中要拆分的单元格，单击"属性"面板上的"拆分"按钮□，弹出"拆分单元格"对话框，如图 5-13 所示。在"拆分单元格"对话框中设置要拆分的行列数，单击"确定"按钮即可。拆分后的效果如图 5-14 所示。

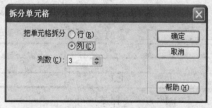

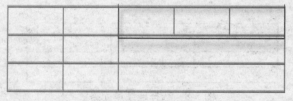

图 5-13　"拆分单元格"对话框　　　　　图 5-14　拆分单元格效果

3. 插入、删除行与列

有时创建的表格不能满足实际的需要，需要添加或删除行与列。

（1）插入行与列。

若需要添加行与列，可以使用以下几种方式实现：

1）执行"修改"｜"表格"｜"插入行"或"插入列"命令，可以在插入点的上面与左侧插入行或列。

2）执行"修改"｜"表格"｜"插入行或列"命令，打开"插入行或列"对话框，如图 5-15 所示，根据需要进行参数设置，单击"确定"按钮即实现在插入点的上面或下面插入一行或多行，在左侧或右侧插入一列或多列。

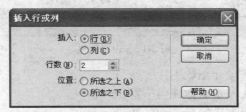

图 5-15　"插入行或列"对话框

3）执行"插入"｜"表格对象"命令下的子菜单"在上面插入行"、"在下面插入行"、"在左侧插入列"、"在右侧插入列"命令，即可以在相应位置插入行或列。

（2）删除行与列。

1）选中要删除的行或列，选择"编辑"｜"清除"菜单命令或按下 Delete 键即可删除。

2）选中要删除的行或列，或者将光标置于该行或列中的一个单元格中，执行"修改"｜"表格"｜"删除行"或"删除列"命令即可删除。

5.1.4　输入内容

（1）按照效果图在相应的单元格中输入文本。

（2）调整表格行与列的宽度与高度，将光标放置在单元格的边框处，光标会变成双向箭头，按下鼠标左键并拖动即可调整单元格的宽与高。调整好的"岗位竞聘表"如图 5-16 所示。

岗位竞聘表					
姓名		性别	出生年月		籍贯	
民族		身份证号		政治面貌	
第一学历	毕业时间	毕业院校及专业		学位
最后学历	毕业时间	毕业院校及专业		学位
参加工作时间		进入本单位时间		现工资序列	
现职务/职称时间				
竞聘依据				

图 5-16　输入内容

在添加内容时发现，在输入文本时，默认状态为水平左对齐，垂直居中对齐。如果想要精确控制表格内的宽度、高度，以及文字的位置就需要使用 CSS。

5.1.5　设置表格与单元格的属性

1. 表格的属性设置

选中表格，在"属性"面板设置其"对齐"方式为"居中对齐"，如图 5-17 所示。

图 5-17　表格属性

表格"属性"面板各选项介绍如下：

- 表格：为表格输入一个名称，用于标识表格。
- 行、列：用于设置表格中行、列的数量。
- 宽：以像素为单位或按浏览器窗口宽度的百分比指定表格的宽度。
- 填充：也称为单元格边距，是单元格内容和单元格边框之间的像素值。
- 间距：也称为单元格间距，设置相邻的表格单元格间的像素值。
- 对齐：设置表格的对齐方式。包括"默认"、"左对齐"、"居中对齐"、"右对齐"4 种选项。
- 边框：以像素为单位设置表格边框的宽度。
- 类：选择 CSS 规则应用到当前表格对象上。
- 按钮：清除列宽。从表格中删除所有明确指定的列宽数值。
- 按钮：清除行高。从表格中删除所有明确指定的行高数值。
- 按钮：将表格宽度转换成像素。
- 按钮：将表格宽度转换成百分比。

可以通过"属性"面板直接修改表格的参数。

2. 单元格属性设置

选中所有单元格，在单元格"属性"面板中设置"水平"为"居中对齐"，如图 5-18 所示。

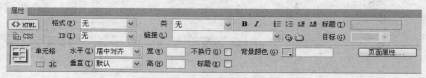

图 5-18　单元格属性

单元格"属性"面板各选项介绍如下：

- 按钮：单击该按钮，将所选的单元格、行或列合并为一个单元格。只有当单元格形成矩形或直线的块时才可用，才可以合并这些单元格。
- 按钮：单击该按钮，将一个单元格分成两个或更多个单元格。一次只能拆分一个单元格；如果选择的单元格多于一个，则此按钮将被禁用。
- 水平：设置单元格内容的水平对齐方式，包括"默认"、"左对齐"、"居中对齐"、"右对齐"4 种选项。默认为"左对齐"。
- 垂直：设置单元格内容的垂直对齐方式，包括"默认"、"顶端"、"居中"、"底部"和"基线"5 种选项。默认为"居中"。
- 宽与高：单元格的宽度与高度，以像素为单位或按整个表格宽度或高度的百分比指定。
- 不换行：防止换行，单元格的宽度将随文字长度的不断增加而加长。
- 标题：将所选的单元格格式设置为表格标题单元格。默认情况下，表格标题单元格的内容为粗体并且居中。
- 背景颜色：为选中的行、列或单元格设置背景颜色。单击该按钮，会打开颜色选择器，可以从中选择颜色。

设置完成，保存网页，在浏览器中预览效果如图 5-19 所示。

岗位竞聘表					
姓名	性别	出生年月		籍贯	
民族	身份证号			政治面貌	
第一学历	毕业时间	毕业院校及专业			学位
最后学历	毕业时间	毕业院校及专业			学位
参加工作时间		进入本单位时间		现工资序列	
现职务/职称时间					
竞聘依据					

图 5-19　"岗位竞聘表"预览效果

5.1.6　嵌套表格

从前面对表格的操作得出，当调整某个单元格的高度时，一整行单元格的高度都会跟着一起改变，当调整某个单元格的宽度时，一整列单元格的宽度也会跟着改变。这样就造成了很大的限制，当内容比较复杂时，需要同行不同高，同列不同宽时，光靠一个表格是很难满足需求的，这就需要用到嵌套表格。

在表格中再插入表格即为嵌套表格。这样，在调整嵌套表格时就不会影响外面的表格。

【实例】嵌套表格。

（1）创建一个空白 HTML 文档，插入一个 4 行 4 列的表格。

（2）将光标定位在需要插入嵌套表格的单元格内，在"插入"面板的"常规"选项卡中单击"表格"按钮，打开"表格"对话框，设置如图 5-20 所示参数。

（3）单击"确定"按钮即可在表格内部嵌套一个表格，如图 5-21 所示。

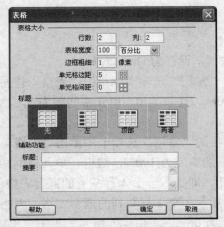

图 5-20　"表格"对话框

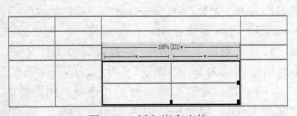

图 5-21　插入嵌套表格

提示：嵌套表格的宽度一般使用百分比，让其自适应外部单元格的宽度。

嵌套表格在表格布局中经常用到。

5.2　任务 2：制作表格布局网页——Dreamweaver 学习园地

任务目标：使用 Dreamweaver CS6 采用表格布局方式制作一个网页，以巩固所学知识并学习表格布局网页的制作方法。

5.2.1　案例效果展示与分析

【效果展示】本案例使用 Dreamweaver CS6 采用表格布局制作一个"Dreamweaver 学习园地"网页，案例效果如图 5-22 所示。

【分析】观察效果图，此网页从上往下可分为四个部分：顶部 banner、导航、主体内容、版尾，主体内容又分为左右两块。因此可用一个 4 行 1 列的表格来放置对应内容。然后在第二行内插入一个 1 行 9 列的嵌套表格来放置导航内容。在第三行中插入一个 1 行 2 列的嵌套表格来放置主体内容。通过分析其布局图如图 5-23 所示。

图 5-22　案例效果图

图 5-23　布局图

5.2.2　创建布局表格

（1）启动 Dreamweaver CS6，新建一个 HTML 文档，保存为 DrStudy.html。

（2）光标定位在设计视图中，在"插入"面板的"常用"选项卡中单击"表格"按钮，打开"表格"对话框。创建一个 4 行 1 列，宽度为 800px，边框为 0，单元格间距为 3，单元格边距为 0，无标题的表格，如图 5-24 所示。

（3）光标定位在第二行单元格中，在"插入"面板的"常用"选项卡中单击"表格"按钮，打开"表格"对话框，参数设置为 1 行 9 列，表格的宽度为 100%，边框、单元格间距、单元格边距均为 0，如图 5-25 所示。单击"确定"按钮，即插入一个 1 行 9 列的嵌套表格。

（4）光标定位在第三行单元格中，用同样的方法插入一个 1 行 2 列的嵌套表格，表格的宽度为 100%，单元格边距为 15px，边框、单元格间距为 0px，如图 5-26 所示。单击"确定"

按钮，即插入一个 1 行 2 列的嵌套表格。

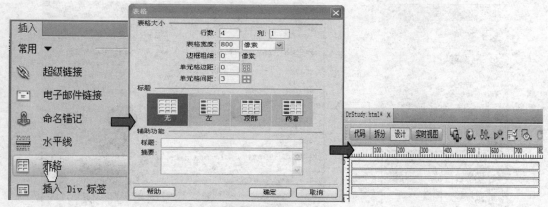

图 5-24　插入表格

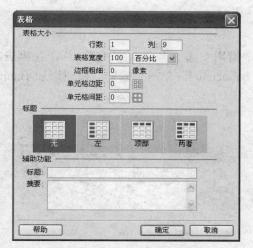

图 5-25　导航栏嵌套表格参数

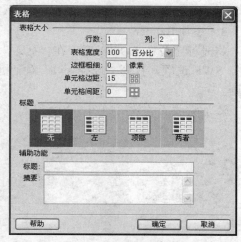

图 5-26　主体内容嵌套表格参数

插入完毕，效果如图 5-27 所示。

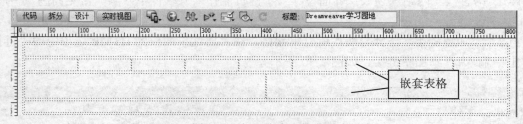

图 5-27　插入嵌套表格效果

5.2.3　添加网页内容

1. 添加 LOGO

将光标定位在第一个单元格内，在"插入"面板的"常用"选项卡中单击"图像"下拉列表的"图像"按钮，打开"选择图像源文件"对话框，选择 logo.gif，单击"确定"按钮添加 LOGO，如图 5-28 所示。

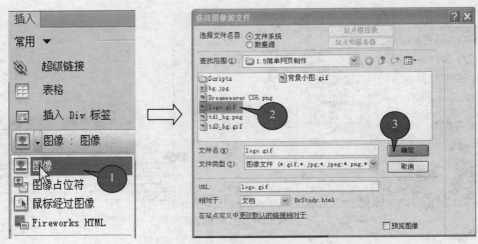

图 5-28　添加 LOGO

2．添加 Banner

将光标定位在 LOGO 后，在"插入"面板的"常用"选项卡中单击"媒体"下拉列表，选择 SWF 选项，打开"选择 swf"对话框，选择 banner.swf，单击"确定"按钮添加 Banner 动画。

添加完成后的效果如图 5-29 所示。

图 5-29　头部内容效果

3．导航栏内容

（1）将光标定位在导航栏各单元格中直接输入文本即可。分别输入"首页"、"软件介绍"、"HTML 语言"、"网站规划"、"界面设计"、"网页制作"、"软件下载"、"常见问题"、"联系我们"。

（2）添加超链接。选择导航栏所有单元格，在"属性"面板的 HTML 选项中的"链接"文本框中输入#，添加空链接，如图 5-30 所示。

图 5-30　添加空超链接

4．左侧栏内容

（1）将光标放在左侧栏单元格中，输入文字"站点推荐"。

（2）选择文本"站点推荐"，在"属性"面板的 HTML 选项中的"格式"下拉列表中选择"标题 3"，如图 5-31 所示。

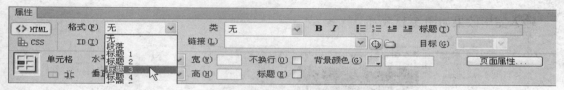

图 5-31 设置标题格式

（3）按 Enter 键，在"插入"面板中单击"水平线"按钮，在单元格中插入一条水平线作为分隔线。

（4）将光标定位在水平线后，继续输入站点推荐内容，分别为"eNet 硅谷动力"、"21世纪我要自学网"、"大家论坛"、"火星时代"、"天极网"，每输入一次就按一次 Enter 键，让文字在不同的行中显示。

（5）选择所有站点推荐内容，单击"属性"面板中的"项目列表"按钮，将文字转换为列表，如图 5-32 所示。

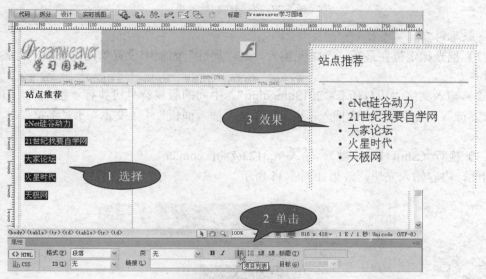

图 5-32 左侧栏内容添加效果

5. 添加右侧栏内容

将光标定位在右侧单元格内，输入文本"什么是 Dreamweaver？"，按 Enter 键，插入 Dreamweaver 图标 Dreamweaver CS6.png，方法同插入 LOGO 相同。继续输入 Dreamweaver 介绍文字。

其结构代码如下所示：

```
<td width="71%" class="td4"><p>什么是Dreamweaver？</p>
    <img src="images/Dreamweaver CS6.png" width="263" height="264" />
    <p>dreamweaver cs6是世界顶级软件厂商adobe推出的一套拥有可视化编辑界面，用于制
作并编辑网站和移动应用程序的网页设计软件。由于它支持代码、拆分、设计、实时视图等多种方式
来创作、编写和修改网页，对于初级人员，你可以无需编写任何代码就能快速创建web页面。其成熟
的代码编辑工具更适用于web开发高级人员的创作！cs6新版本使用了自适应网格版面创建页面，在发
布前使用多屏幕预览审阅设计，可大大提高工作效率。改善的 ftp 性能，更高效地传输大型文件。实
时视图和多屏幕预览面板可呈现 html5 代码，更能够检查自己的工作。</p>
        <p>使用 Adobe? Dreamweaver? CS6软件中的自适应网格版面创建行业标准的 HTML5 和
CSS3 编码。jQuery 移动和 Adobe PhoneGap框架的扩展支持可协助您为各种屏幕、手机和平板电脑
建立项目。将 HTML5 视频和 CSS3 转换融入页面。</p></td>
```

输入完毕效果如图 5-33 所示。

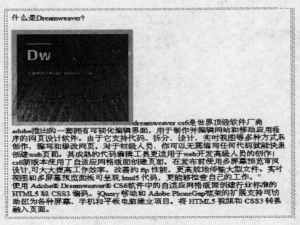

图 5-33　右侧栏初始效果

6．版尾内容

（1）把光标定位在最后一个单元格内，在"属性"面板中设置单元格的水平对齐方式为居中对齐。

（2）输入文字"版权所有©2013qingqing"。中间的版权符号可执行"插入"｜HTML｜"特殊字符"｜"版权"命令插入，也可以单击"插入面板"｜"文本"｜"字符"｜"版权"按钮插入。

（3）换行（Shift+Enter 键），输入 yqq123@sina.com.cn。

到此，内容输入完毕，效果如图 5-34 所示。

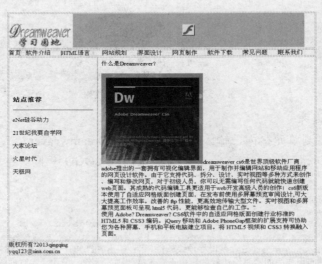

图 5-34　内容添加完成效果

5.2.4　美化网页

1．网页初始化设置

网页初始化设置包括设置网页的背景色与字体大小，让网页表格居中。

（1）单击"CSS 样式"面板下方的🔲按钮，打开"新建 CSS 规则"对话框，在"选择器类型"下拉列表中选择"标签"，选择"选择器名称"为 body，如图 5-35 所示。

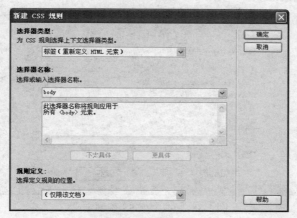

图 5-35　页面属性设置

（2）单击"确定"按钮，打开"body 的 CSS 规则定义"对话框。在"类型"分类中设置 Font-size 为 14px；在"背景"分类中设置 Background-color 为#066，如图 5-36 所示。

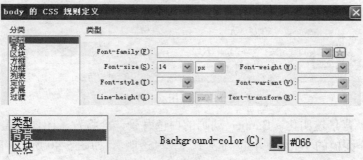

图 5-36　body 的 CSS 规则定义

CSS 规则代码如下：

```
body {
    font-size: 14px;
    background-color: #066;
}
```

（3）选中表格，在"属性"面板中设置表格的"对齐"方式为"居中对齐"，如图 5-37 所示。

图 5-37　表格居中

2. 为 LOGO 与 Banner 添加背景图

（1）创建类名为 td1 的 CSS 规则，在".td1 的 CSS 规则定义"对话框中的"背景"分类中设置 Background-image 为 td1_jg.png，将 Background-repeat 设为 no-repeat，如图 5-38 所示。

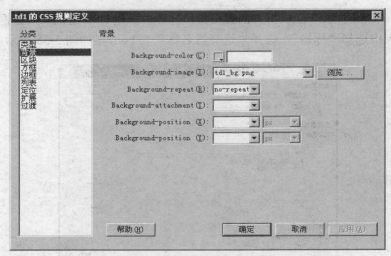

图 5-38　.td1 的 CSS 规则定义

（2）选择第一个单元格或将光标放在此单元格内，在"属性"面板的 HTML 选项卡中的"类"下拉列表中选择 td1，应用 td1 样式，如图 5-39 所示。

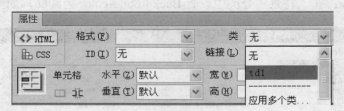

图 5-39　应用 td1 样式

（3）Banner 背景透明化。Banner 动画的白色背景，会将背景图像遮盖住。选择 Banner 动画，在"属性"面板的 Wmode 下拉列表中选择"透明"，如图 5-40 所示，背景就变得透明。

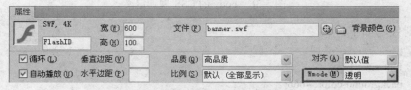

图 5-40　Banner 背景透明设置

美化完毕，CSS 规则代码如下，效果如图 5-41 所示。

```
.td1 {
        background-image: url(images/td1_bg.png);
        background-repeat: no-repeat;
}
```

图 5-41　头部美化效果

3. 美化导航栏

导航栏高度为 35px，文字加粗显示，背景色为深绿色#669900，文本居中显示。超链接文本为白色，无下划线，光标放到超链接时文字变为红色加下划线。

（1）创建类名为 td2 的 CSS 规则，在 ".td2 的 CSS 规则定义"对话框的"类型"分类中设置 Font-weight 为 bolder；在"区块"分类中设置 Text-align 为 center；在"背景"分类中设置 Background-color 为#669900；在"方框"分类中设置 Height 为 35px。

（2）选择导航栏所有单元格，在"属性"面板的 HTML 选项卡的"类"下拉列表中选择 td2，应用 td2 样式。

（3）创建标签 a 的 CSS 规则，在 "a 的 CSS 规则定义"对话框的"类型"分类中设置 Color 为#FFF，Text-decoration 为 none。

（4）创建复合内容 a:hover 的 CSS 规则，在 "a:hover 的 CSS 规则定义"对话框中的"类型"分类中设置 Color 为#F00，Text-decoration 为 underline。

说明：单元格的"高度"和"背景色"可以在单元格的属性"背景颜色"中直接设置，但这种方法设置产生的代码不是 CSS 而是以属性的方式插入到 td 标签内部。如果给多个单元格设置相同的背景色，用这种方法会造成大量的代码重复和冗余。因此最好使用 CSS 规则来进行设置。

美化完毕，CSS 规则代码如下，效果如图 5-42 所示。

```
.td2 {
    font-weight: bolder;
    background-color: #669900;
    text-align: center;
    height: 35px;
}
a {
    color: #FFF;
    text-decoration: none;
}
a:hover {
    color: #F00;
    text-decoration: underline;
}
```

图 5-42 导航栏美化效果

4. 美化左侧栏

将左侧栏宽度设为 200px，文本顶端对齐，添加一个浅绿到深绿的渐变背景图，水平线的颜色设置为与网页背景相同的颜色#066。无序列表项间距为 15px。

（1）创建类名为 td3 的 CSS 规则，在 ".td3 的 CSS 规则定义"对话框的"背景"分类中设置 Background-image 为 td3_bg.png，Background-repeat 为 repeat-x；在"区块"分类中设置 Vertical-align 为 top（垂直方向顶对齐）；在"方框"分类中设置 Width 为 200px。

（2）选择左侧栏单元格，在"属性"面板的 HTML 选项卡的"类"下拉列表中选择 td3，应用 td3 样式。

（3）创建标签 hr 的 CSS 规则，在"hr 的 CSS 规则定义"对话框的"类型"分类中设置 Color 为#066。

（4）创建标签 li 的 CSS 规则，在"li 的 CSS 规则定义"对话框的"方框"分类中设置 Margin-bottom 为 15px。

美化完毕，CSS 规则代码如下，效果如图 5-43 所示。

```
.td3 {
    background-image: url(images/td3_bg.gif);
    background-repeat: repeat-x;
    vertical-align: top;
    width: 200px;
}
hr {
    color: #066;
}
li {
    margin-bottom: 15px;
}
```

图 5-43   主体左侧栏美化效果

5. 美化右侧栏

背景色为白色，单元格文本顶端对齐，主体文本右侧环绕图片，离图片有 15px 间距，文字行间距为 160%行距，首行缩进。

（1）创建类名为 td4 的 CSS 规则，在".td4 的 CSS 规则定义"对话框的"背景"分类中设置 Background-color 为#FFF；在"区块"分类中设置 Vertical-align 为 top（垂直方向顶对齐）。

（2）选择右侧栏单元格，在"属性"面板的 HTML 选项卡的"类"下拉列表中选择 td4，应用 td4 样式。

（3）选中图像，执行"修改"｜"编辑标签"命令，打开"编辑标签器"对话框，在"对齐"下拉列表中选择"左"，如图 5-44 所示。

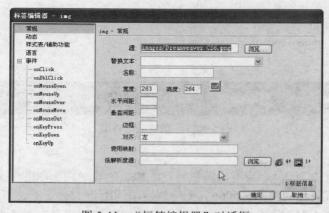

图 5-44   "标签编辑器"对话框

（4）单击"确定"按钮，文本则右环绕图片。

（5）创建标签 img 的 CSS 规则，在"img 的 CSS 规则定义"对话框的"方框"分类中设置 Margin-right 为 15px。

（6）创建类名为 ztp 的 CSS 规则，在 ".ztp 的 CSS 规则定义" 对话框的 "类型" 分类中设置 Line-height 为 160%；在 "区块" 分类中设置 Text-indent 为 2em。

（7）选择图片右侧的两段文本，在 "属性" 面板的 HTML 选项卡的 "类" 下拉列表中选择 ztp，应用 ztp 样式。

美化完毕，CSS 规则代码如下，效果如图 5-45 所示。

```
.td4 {                                          .ztp {
    background-color: #FFF;                         line-height: 160%;
    vertical-align: top;                            text-indent: 2em;
}                                               }
img {
    margin-right: 15px;
}
```

图 5-45　主体右侧栏美化效果

6.　美化版尾

将单元格高度设为 60px，背景色设为深绿色#003300，文字设为白色，居中显示。

（1）创建类名为 td5 的 CSS 规则，在 ".td5 的 CSS 规则定义" 对话框的 "类型" 分类中设置 Color 为#FFF；在 "背景" 分类中设置 Background-color 为#003300；在 "区块" 分类中设置 Text-align 为 center；在 "方框" 分类中设置 Height 为 60px。

（2）选择版尾单元格，在 "属性" 面板的 HTML 选项卡的 "类" 下拉列表中选择 td5，应用 td5 样式。

美化完毕，CSS 规则代码如下，效果如图 5-46 所示。

```
.td5 {
    color: #FFF;
    background-color: #003300;
    text-align: center;
    height: 60px;
}
```

版权所有?2013qingqing
yqq123@sina.com.cn

图 5-46　版尾美化效果

至此，网页制作完毕，保存网页，在浏览器中预览效果如图 5-47 所示。

图 5-47 最终效果

思考练习

一、选择题

1、在 Dreamweaver 中，下面关于拆分单元格说法错误的是（　　）。
   A、将光标定位在要拆分的单元格中，在"属性"面板中单击按钮
   B、将光标定位在要拆分的单元格中，在拆分单元格中选择行，表示水平拆分单元格
   C、将光标定位在要拆分的单元格中，选择列，表示垂直拆分单元格
   D、拆分单元格只能把一个单元格拆分成两个

2、在一个页面中隐藏一个表格，正确的做法是（　　）。
   A、直接删除整个表格
   B、右击，在弹出的快捷菜单中选择"隐藏表格"命令
   C、在表格属性中设置边框粗细为 0
   D、在单元格属性中设置边框粗细为 0

3、若将 Dreamweaver 中 2 个横向相邻的单元格合并，则两表格中会（　　）。
   A、文字合并　　　　　　　　　　B、左单元格文字丢失
   C、右单元格文字丢失　　　　　　D、系统出错

4、在 Dreamweaver CS6 中，下面关于排版表格属性说法正确的是（　　）。
   A、可以设置宽度
   B、可以设置高度
   C、可以设置表格的背景颜色
   D、可以设置单元格之间的距离，但是不能设置单元格内部的内容和单元格边框之间的距离。

5、HTML 代码<th></th>表示（　　）。

A、创建一个表格　　　　　　　B、开始表格中的每一行
C、开始一行中的每一个格子　　D、设置表格头

二、简答题

1、网页中表格的功能。

2、如何选择多个不连续的单元格？

3、如何制作一像素宽边框表格？请列举至少 2 种方法。

4、什么是嵌套表格？什么时候需要使用嵌套表格？

拓展训练

为了巩固本项目中所学的知识，掌握表格布局的方法，增加实战经验，提高操作技能，请按如图 5-48 所示效果用表格布局方法制作网页。

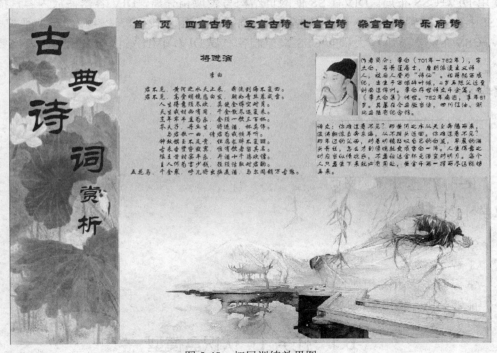

图 5-48　拓展训练效果图

步骤提示：

（1）根据网页中的图片宽度计算出网页的宽度

（2）确定网页所需表格行与列的数量，插入表格。

（3）按效果图所示编辑表格。

（4）按效果图所示在表格中添加相应内容并进行格式化。

项目六　更上一层楼－DIV+CSS 布局网页

【问题引入】

表格布局简单快捷，容易上手，但如果网站布局需要变化就得重新设计制作，不利于后期维护。表格布局嵌套复杂，可读性差且容易产生大量冗余代码，不利于网络传输，也不利于搜索引擎搜索。

【解决方法】

使用 DIV+CSS 布局。DIV+CSS 使网页结构与表现相分离，DIV 容器盛放内容，搭建框架，CSS 控制其位置与外观，这比表格布局更加灵活实用，代码可读性强，后期维护方便。但 DIV+CSS 布局需要编写大量的 CSS 来控制各布局 DIV，因此掌握起来相对比表格要困难一些。

【学习任务】

- 认识盒模型与元素类型
- 认识 DIV
- 使用 CSS 控制 DIV
- 使用 DIV+CSS 布局网页

【学习目标】

- 掌握盒模型
- 了解元素类型
- 掌握 DIV 及其常用属性
- 能够分析并使用 DIV+CSS 布局网页

6.1　任务 1：认识盒模型

任务目标： 了解盒模型的外观形式以及组成，了解盒模型下 HTML 元素的类型。

6.1.1　盒模型概述

所有页面中的元素都可以看成是一个盒子，占据着一定的页面空间。一般来说这些被占据的空间往往都要比单纯的内容大，因为盒子可以有边框，盒子内外都可以有边距，可以通过调整盒子的边框和边距等参数，来调节盒子的位置。一个盒子模型由 content（内容）、border（边框）、padding（填充也称为内边距）和 margin（外边距）这 4 个部分组成，如图 6-1 所示。

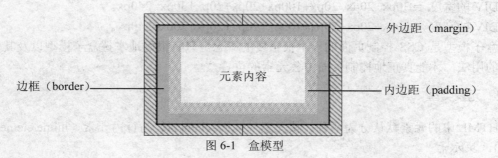

图 6-1 盒模型

padding 与 margin 都有上、右、下、左四个值。

当这些属性被赋值后，会影响盒子的宽度与高度。

1. 盒模型的宽度

盒模型的宽度 = margin-left（左外边距）+border-left（左边框）+padding-left（左内边距）+width（内容宽度）+padding-right（右内边距）+border-right（右边框）+margin-right（右外边距）

2. 盒模型的高度

盒模型的高度 = margin-top（上外边距）+border-top（上边框）+padding-top（上内边距）+height（内容高度）+padding-bottom（下内边距）+border-bottom（下边框）+margin-bottom（下外边距）

【实例】盒模型宽高计算。

```
<style type="text/css">
div {
        margin: 30px;
        padding: 20px;
        height: 100px;
        width: 100px;
        border: solid 20px #CCFFFF;
}
</style>
<body>
    <div>盒模型示例</div>
</body>
```

在"设计"视图中单击 DIV，可以看到外边距、边框、内边距属性，如图 6-2 所示。

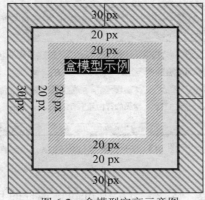

图 6-2 盒模型宽高示意图

DIV 的宽度 ＝30px+20px+20px+100px+20px+20px+30px=240px。

DIV 的高度 ＝30px+20px+20px+100px+20px+20px+30px=240px。

盒子模型是 CSS 控制页面的一个很重要的概念。只有很好地掌握盒子模型以及其中每个元素的用法，才能真正地控制页面中各元素的位置。

6.1.2 元素类型

HTML 中的元素默认分为两种：块元素（block element）与行内元素（inline element）。

1. 块元素

块元素是独立的，显示时独占一行。

常见的块元素有：p、div、ul、li、h1、dt 等。

2. 行内元素

行内元素都会在一行内显示。

常见的行内元素有：a、img、span、strong 等。

【实例】元素类型。

```
<style type="text/css">
.block {
        background-color: #6CF;
}
.inline {
        background-color: #F9F;
}
</style>
<body>
<p class="block">块元素</p>                          块元素
<p><strong class="inline">块元素在显示时会独占一行</strong>，常见的块元素有 p、ul、li...</p>
<p class="block">行内元素</p>                        行内元素
<p><a class="inline" href="#">行内元素</a>在一行内显示，常见的行内元素有 strong、a、span...</p>
</body>
```

在浏览器中预览效果如图 6-3 所示。

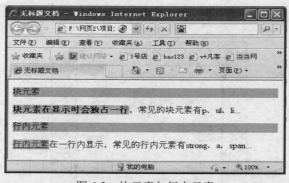

图 6-3 块元素与行内元素

3. 元素与行内元素转换

块元素与行内元素可以通过"区块"分类中 display 属性的 block（块）与 inline（行内）进行互相转换。

如上例，在类.block 中添加属性 display:inline；在类.inline 中添加属性 display:block：

```
<style type="text/css">
.block {
        background-color: #6CF;
        display:inline;
}
.inline {
        background-color: #F9F;
        display:block;
}
</style>
```

浏览器预览效果如图 6-4 所示。

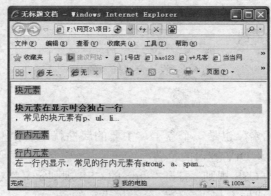

图 6-4 元素与行内元素转换

6.2 任务 2：认识 DIV 标签

任务目标：了解 DIV 是什么，它的作用如何，它的常用属性及其用法，通过学习要能够熟练使用 DIV。

<DIV>（division）是一个区块容器标记，它可称为"DIV block"或"DIV element"或"CSS-layer"，或干脆称为"layer"。<DIV>与</DIV>之间可以放置任何内容，包括其他的 DIV 标签。也就是说 DIV 是一个没有特性的容器。

DIV 块作为一个独立的对象，在 CSS 样式控制下有着灵活的表现形式，形成另外一种组织布局形式 DIV+CSS。

6.2.1 插入 DIV 标签

（1）创建一个 HTML 文档。

（2）执行"插入"｜"布局对象"｜"DIV 标签"命令或单击"插入"面板｜"布局"｜"DIV 标签"，打开"插入 Div 标签"对话框，如图 6-5 所示。在这里必须设定一个类或 ID，以便于应用 CSS 样式。

（3）在 ID 文本框中输入 top，单击"确定"按钮，在 Dreamweaver 设计窗口出现如图 6-6 所示的 DIV 块，表明插入了一个 id 名为 top 的 DIV 标签。

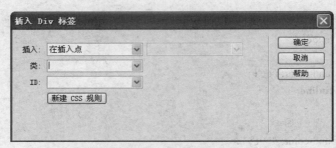

图 6-5 "插入 Div 标签"对话框

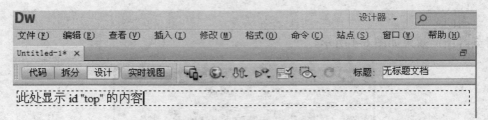

图 6-6 设计窗口插入的 DIV

6.2.2 设置 DIV 属性

DIV 是容器，是块元素，也是一个盒子，主要的属性就是盒模型的一些基本属性，包括边框、内边距、外边距以及 DIV 容器的位置。

创建一个 ID 为 top 的 CSS 规则，打开"#top 的 CSS 规则定义"对话框，DIV 标签的常见属性主要是在"方框"、"边框"与"定位"分类里设定的。

1. "方框"分类属性

单击"方框"分类，如图 6-7 所示。

图 6-7 "方框"分类属性

（1）Width：设置 DIV 的宽度。

（2）Height：设置 DIV 的高度。

在此处将 Width 和 Height 分别设为 200，单击"确定"按钮，设计视图中的 DIV 如图 6-8 所示。

（3）Padding：设置 DIV 的内边距，也就是内容到边框的距离。

（4）Margin：设置 DIV 的外边距，也就是边框到父容器或与其他容器之间的距离。

设置所有 Padding 为 20，所有 Margin 为 20，单击"确定"按钮后的效果如图 6-9 所示。

图 6-8　设置了宽与高的 DIV

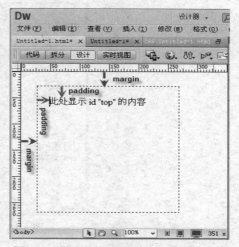
图 6-9　设置了 Padding 与 Margin 的 DIV

说明：Margin 属性有个属性值为 auto，表示自动适应。当 Margin-left 与 Margin-right 均设为 auto 时，块元素则会居中显示。

（5）Float：浮动，定义元素浮动到左侧或右侧。以往这个属性总应用于图像，使文本围绕在图像周围。

HTML 中元素在浏览器中是按照流方式显示，行内元素从左到右，块元素从上到下。

在 CSS 中，任何元素都可以浮动。浮动元素会生成一个块级元素，而不论它本身是何种元素。元素对象设置了 Float 属性后，它将脱离文档流的显示方式，不再独自占据一行，可以向左或向右移动，直到它的外边缘碰到包含它的边框或另一个浮动块的边框为止，后面的元素会围绕它显示。

Float 属性有四个可用的值，其中 left 和 right，它们分别使浮动元素到各自的方向，none（默认）使元素不浮动，inherit 将会从父级元素获取 Float 值。

【实例】Float 属性。

```
<style type="text/css">
div {
        height: 100px;
        width: 100px;
        margin-top: 15px;
        border: 1px dashed #33F;
}
</style>
<body>
<div id="div1">此处显示 id "div1"的内容</div>
<div id="div2">此处显示 id "div2"的内容</div>
<div id="div3">此处显示 id "div3"的内容</div>
</body>
```

未使用 Float 属性的预览效果如图 6-10 所示。

图 6-10　正常 DIV 显示

给 DIV 设置 Float 属性，让 div1 右浮动，div2 左浮动，在 style 内添加如下代码：

```
#div2 {
        float: left;
}
#div1 {
        float: right;
}
```

添加后预览效果如图 6-11 所示。

（6）Clear：清除浮动。其值有 left、right、both、none。

如上例，要想让 div3 不受 div2 浮动的影响，恢复其原始文档流位置显示，则在 style 中插入 CSS 规则：#div3{clear:left;}即可。预览效果如图 6-12 所示。

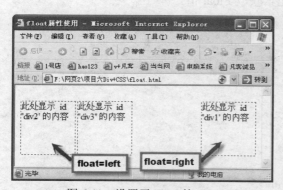

图 6-11　设置了 Float 的 DIV

图 6-12　清除浮动

2. 边框分类属性

单击"边框"分类，如图 6-13 所示。

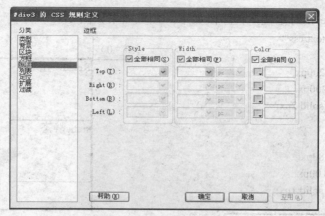

图 6-13　"边框"分类属性

（1）Style：边框的样式。

（2）Width：边框的粗细。

（3）Color：边框的颜色。

边框的三个属性可简写为：border:width style color。

例如：

border:2px solid red;

边框属性比较简单，容易理解，这里不做过多讲解。

3．定位分类属性

单击"定位"分类，如图 6-14 所示。

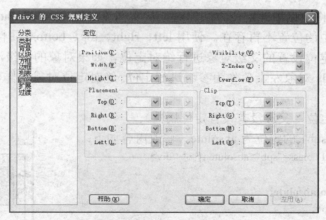

图 6-14　"定位"分类属性

（1）Position：定位，它有四个属性值：static（静态）、relative（相对定位）、absolute（绝对定位）、fixed（固定）。

- static：默认值，无定位，元素按正常文档流显示。
- relative：定位为 relative 的元素脱离正常的文档流，但其在文档流中的位置依然存在，所占用的空间依然保留，通过 Placement 中的 left、right、top、bottom 属性来设置相对于其在正常文档流位置所偏移的距离。相对定位对象可层叠，层叠顺序可通过 Z-Index 属性控制。

【实例】relative 相对定位，程序段如下，预览效果如图 6-15 所示。

```
<style type="text/css">
#parent {
        height: 200px;
        width: 200px;
        border: solid 2px;
        }
.sub {
        height: 80px;
        width: 100px;
        border: solid 1px;
}
#sub1 {
        position:relative;
        left:30px;
        top:30px;
        background-color:#C9F;
}
</style>
<body>
<div id="parent">
<div id="sub1" class="sub">Relative 相对</div>
<div class="sub">static 静态</div>
</div>
</body>
```

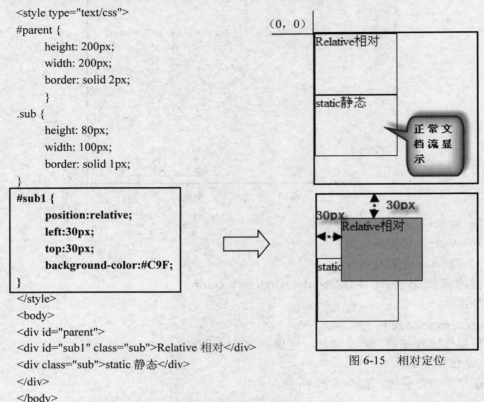

图 6-15　相对定位

● absolute：将被赋予此定位方法的对象从文档流中拖出，与 relative 的区别是其在正常文档流中的位置不再存在。使用 left、right、top、bottom 属性相对于其最接近的一个具有定位设置的父级对象进行绝对定位，如果对象的父级没有设置定位属性，则依据 body 对象左上角作为参考进行定位。绝对定位对象同样可通过 Z-Index 进行层次分级。

【实例】绝对定位（父级没有设置定位属性）。

接上例，改变#sub1 的定位为 absolute，修改内容如下：

```
<div id="sub1" class="sub">absolute 绝对</div>
#sub1 {
        position:absolute;
        left:30px;
        top:30px;
        background-color:#C9F
}
```

保存预览效果如图 6-16 所示。

【实例】绝对定位（父级设置定位属性）。

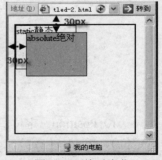

图 6-16　绝对定位

接上例，改变#parent 的定位为 relation，修改 CSS 规则如下：

```
#parent {
        height: 200px;
        width: 200px;
```

```
        border: solid 2px;
        margin:20px 0px 0px 20px;
        position:relative;
        }
#sub1 {
        position:absolute;
        left:30px;
        top:30px;
        background-color:#C9F
        }
```

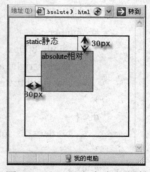

图 6-17   父元素有定位属性

保存预览效果如图 6-17 所示。

- fixed：特殊的 absolute，总是以 body 为定位对象，按照浏览器窗口进行定位。

（2）Width 与 Height：与"方框"分类中的一样，用于设置元素的宽、高。

（3）Visibility：元素可见性。是指当块内元素中的内容超出边界后的显示设置。属性值有：inherit、visible、hidden。

- inherit：从父元素继承 visibility 的值。
- visible：默认值，元素可见。
- hidden：元素不可见。

（4）Z-Index：设置元素堆叠顺序，该属性设置一个定位元素沿 z 轴的位置，z 轴定义为垂直延伸到显示区的轴。数字越大越处于上层，可以为正也可以为负。

（5）Overflow：溢出。当元素超过区块的容纳范围时会产生溢出。其属性值有 visible、hidden、scroll、auto。

- visible：默认值，超出部分显示。
- hidden：超出部分隐藏。
- scroll：产生滚动条，不管是否溢出都产生。
- auto：自动，超出时产生滚动条，不超出时不产生滚动条。

（6）Clip：裁剪绝对定位元素。这个属性用于定义一个剪裁矩形。对于一个绝对定义元素，在这个矩形内的内容才可见。出了这个剪裁区域的内容会根据 Overflow 的值来处理。剪裁区域可能比元素的内容区大，也可能比内容区小。

【实例】使用 DIV+CSS 制作一个如下所示的网页布局效果，网页居中显示。

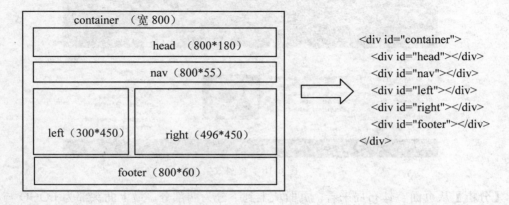

其结构代码如上所示。

CSS 控制代码如下：

```
#container {                           #left {
        width: 800px;                          height: 450px;
        margin-right: auto;                    width: 300px;
        margin-left: auto;                     float: left;
}                                      }
div {                                  #right {
        border: 1px solid #CCC;                height: 450px;
}                                              width: 496px;
#nav {                                         float:right;
        height: 55px;                  }/*在水平方向上边框占了 4 个像素*/
}                                      #footer {
#head {                                        height: 60px;
        height: 180px;                         clear: both;
}                                      }
```

6.3　任务 3：制作 DIV+CSS 布局网页——茶业公司首页

任务目标：通过一个实例来巩固盒模型与 DIV 基础知识，并通过本例学习 DIV+CSS 布局网页的制作方法及步骤。

6.3.1　案例效果展示与分析

本案例为使用 DIV+CSS 布局网页的方式来制作一个茶业公司首页。

【效果展示】本案例最终效果如图 6-18 所示。

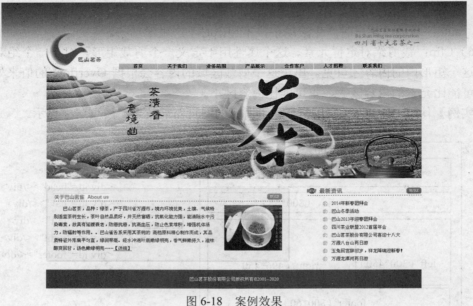

图 6-18　案例效果

【分析】从页面整体布局来看，页面从上到下分为四部分。最上面头部为 LOGO 与导航，第二部分为 Banner 图片广告，第三部分为文本主体内容，最后为版尾。在第三部分里又包括左右两块内容。通过仔细观察与思考，并在图像软件中进行测量得出其页面规划布局图如图 6-19 所示。

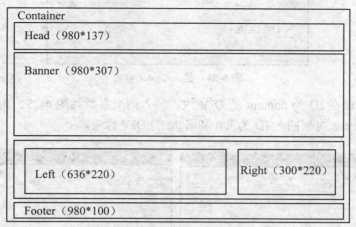

图 6-19 布局规划图

6.3.2 搭建框架

（1）启动 Dreamweaver CS6，新建一个 HTML 文档，保存为 index.html。

（2）将光标定位在"设计"视图中，在"插入"面板的"常用"选项卡中单击"插入 Div 标签"按钮，弹出"插入 Div 标签"对话框，在 ID 文本框中输入 container，如图 6-20 所示，然后单击"确定"按钮，即在页面中插入一个 ID 为 container 的 DIV。

（3）用同样的方法继续插入 DIV 标签，按照图 6-21 所示的参数进行设置，在 container 内部插入 ID 为 head 的 DIV 标签。

图 6-20 插入 container 容器

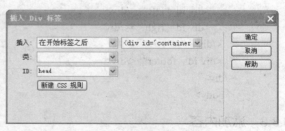

图 6-21 插入 head 容器

（4）继续插入 DIV 标签，分别按照如图 6-22～图 6-24 所示的参数进行设置。分别在 container 内部插入 ID 为 banner、content、footer 的 DIV 标签。

图 6-22 插入 banner 容器

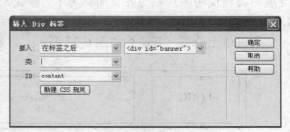

图 6-23 插入 content 容器

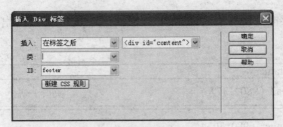

图 6-24　插入 footer 容器

（5）将光标放在 ID 为 content 的 DIV 内，插入两个参数如图 6-25、图 6-26 所示的 DIV 标签，完成在 content 内部插入 ID 为 left 和 right 的 DIV 标签。

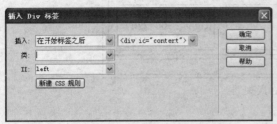

图 6-25　插入 left 容器

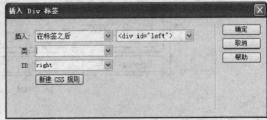

图 6-26　插入 right 容器

删除在插入 DIV 标签时自动生成的文字。至此，页面的基本框架结构搭建完成，具体代码如下所示：

```
<body>
<div id="container">
  <div id="head"></div>
  <div id="banner"></div>
  <div id="content">
    <div id="left"></div>
    <div id="right"></div>
  </div>
  <div id="footer"></div>
</div>
</body>
```

6.3.3　添加内容

1. 头部内容

头部内容包括 LOGO、导航与公司说明性的图片。从效果图上看，LOGO 左对齐页面，导航与公司说明图片右对齐页面。为了方便 CSS 对其位置的控制，把头部内容分为两部分：LOGO、导航与公司说明图片。导航使用无序列表实现。

通过以上分析，其结构如图 6-27 所示。内容添加步骤如下：

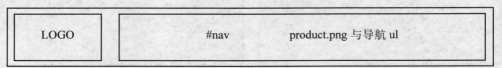

LOGO	#nav　　　　　product.png 与导航 ul

图 6-27　头部内容结构

（1）将光标放在"代码"视图中<div id="head">后，执行"插入"｜"图像"命令，插入 LOGO 图像 logo.png。

（2）将光标放在 LOGO 图像后，按前面的方法插入 ID 为 nav 的 DIV 标签。

（3）在 nav 容器内插入公司说明图片 porduct.png 与导航列表"首页"、"关于我们"、"业务范围"、"产品展示"、"合作客户"、"人才招聘"、"联系我们"。

头部内容添加完毕，具体代码如下所示：

```
<div id="head"><img src="images/logo.jpg" width="148" height="79" />
    <div id="nav"><img src="images/product.png" width="210" height="52" />
      <ul>
        <li><a href="#">首页</a></li>
        <li><a href="#">关于我们</a></li>
        <li><a href="#">业务范围</a></li>
        <li><a href="#">产品展示</a></li>
        <li><a href="#">合作客户</a></li>
        <li><a href="#">人才招聘</a></li>
        <li><a href="#">联系我们</a> </li>
      </ul>
    </div>
</div>
```

2.　Banner 内容

Banner 由一张图片组成。将光标放在"代码"视图中的<div id="banner">后，插入图片 banner.jpg，具体代码如下：

```
<div id="banner"><img src="images/banner.jpg" width="980" height="287" /></div>
```

3.　主体内容

（1）左边内容。

从效果图上看，左边内容有一个圆角矩形的边框，上下圆角部分要切图作为图像插入来实现，因此左边内容分为上边框、主要内容、下边框三部分，两边的边框用背景图像实现。主要内容又分为上下两部分：标题与内容。其结构如图 6-28 所示。

通过以上分析，添加内容步骤如下：

1）将光标放在"代码"视图中<div id="left">后，插入上边框图 bk_top.jpg。

2）在上边框图后面插入 ID 为 left_content 的 DIV 标签。

3）在 left_content 容器内插入 class 为 bti 的 DIV 标签（标题），并在 bti 容器中插入标题图片 about.png 与 more1.jpg。

4）在 bti 容器后插入段落标签 p 并输入内容文本，插入内容图片 content.png。

5）在 left_content 容器后插入下边框图 bk_bottom.jpg。

左边内容添加完成，具体代码如下所示：

```
<div id="left_content">
    <div class="bti"><img class="bt_img" src="images/about.png" width="146" height="18" /><img class="bt_more" src="images/more1.jpg" width="40" height="17" /></div>
      <p>巴山茗茶，品种：绿茶，产于四川省万源市，境内环境优美，土壤、气候特别适宜茶
```
树生长，茶叶自然品质好，并天然富硒，抗氧化能力强，能清除水中污染毒素，故具有延缓衰老，防癌抗癌，抗高血压，防止色素堆积，增强机体活力，防辐射等作用。巴山雀舌系采用其茶树的 高

档原料精心制作而成，其品质特征外形扁平匀直，绿润带毫。经水冲泡叶底嫩绿明亮，香气鲜嫩持久，滋味醇爽回甘，汤色嫩绿明亮……<a href="#">【详细】</a></p>

      <img class="pic" src="images/content.png" width="151" height="120" />   </div>

      <img src="images/bk_bottom.jpg" width="636" height="11" /></div>

（2）右边内容。

从效果图上看，右边的内容由标题与列表内容组成，结构如图 6-29 所示。添加内容步骤如下：

1）将光标放在"代码"视图中的<div id="right">后，插入 class 为 bti 的 DIV 标签（标题）。

2）在 bti 容器中插入标题图片 news.jpg 以及图片 more2.jpg。

3）在 bti 容器后插入列表内容。

右边内容插入完毕，具体代码如下所示：

```
<div id="right">
    <div class="bti"><img src="images/news.jpg" width="95" height="18" class="bt_img" /><img src="images/more2.jpg" width="40" height="17" class="bt_more" /></div>
    <ul>
        <li>2014 年新春团拜会</li>
        <li>巴山冬季活动</li>
        <li>巴山 2013 年迎春团拜会</li>
        <li>四川茶业联盟 2012 首届年会</li>
        <li>巴山茗茶股份有限公司喜迎十八大</li>
        <li>万源八台山两日游</li>
        <li>玉兔回宫辞旧岁，祥龙降瑞迎新春!</li>
        <li>万源龙潭河两日游</li>
    </ul>
</div>
```

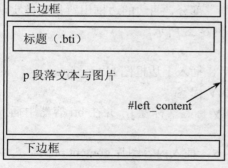

图 6-28　左边内容结构

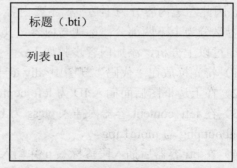

图 6-29　右边内容结构

4. 版尾

版尾是版权声明，把光标放在"代码"视图中的<div id="footer">后，直接输入"巴山茗茶股份有限公司版权所有©2001－2020"即可。

至此，页面内容添加完毕，HTML 文档结构完成，如图 6-30 所示。

说明：在添加内容时要选择合适的结构，以方便 CSS 控制。

图 6-30　文档结构图

6.3.4　CSS 美化网页

文档结构搭建完成，下面使用 CSS 规则按照最终效果美化网页。

1. 创建 CSS 文档

（1）执行"文件"｜"新建"命令打开"新建文档"对话框，如图 6-31 所示。在"页面类型"列表中选择 CSS，单击"创建"按钮，新建一个 CSS 文档。

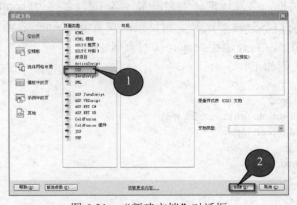

图 6-31　"新建文档"对话框

（2）执行"文件"｜"保存"命令打开"另存为"对话框，文件名输入为 style，保存在 index.html 同级目录下，单击"确定"按钮。

（3）为 index.html 文档链接 style.css 外部样式表。在 index.html 文档内打开右侧"CSS 样式"面板，如图 6-32 所示。

（4）单击右下角的"附加样式表"按钮，打开"链接外部样式表"对话框，在"文件/URL" 文本框中输入 style.css 或单击"浏览"按钮进行选择，如图 6-33 所示。

单击"确定"按钮，链接外部样式表成功，如图 6-34 所示。

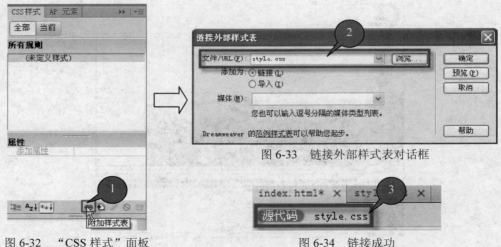

图 6-33　链接外部样式表对话框

图 6-32　"CSS 样式"面板

图 6-34　链接成功

2. 文档 CSS 规则初始化

CSS 规则初始化是在做局部细化前对总体外观的设置。比如设置网页的宽度，让网页居中显示等。此案例中还需设置页面外边距让网页与浏览器顶部有一定的距离。其次为了方便后面 CSS 的控制，需要把所有元素的 Padding 与 Margin 设置为 0。从效果图看，网页有一个顶部为黑条的背景，文档中的字体大小为 12px。

（1）设置 body 属性。创建标签为 body 的 CSS 规则，在"body 的 CSS 规则定义"对话框中设置其字体大小为 12px；背景图为 bg.jpg，重复为水平重复；内边距与外边距为 0。

（2）设置网页整体外观。创建 ID 为 container 的 CSS 规则。将光标定位在"代码"视图中的 <div id="container"> 代码内，在"CSS 样式"面板单击"新建 CSS 规则"按钮，打开"新建 CSS 规则"对话框，会发现选择器自动显示为 ID，名称为#container，单击"确定"按钮，打开"#container 的 CSS 规则定义"对话框，设置 container 容器宽度为 980px，上外边距为 50px，下边距为 0，左右外边距为 auto（网页居中）。

设置完毕，具体代码如下：

```
body {
        font-size: 12px;
        background-image: url(images/bg.jpg);
        background-repeat: repeat-x;
        margin: 0px;
        padding: 0px;
}
#container {
        width: 980px;
        margin: 50px auto 0px auto;
}
```

3. 美化头部

（1）创建 ID 为 head 的 CSS 规则。将光标定位在"代码"视图中的<div id="head">代码内，在"CSS 样式"面板单击"新建 CSS 规则"按钮，打开"新建 CSS 规则"对话框，会发现选择器自动为复合内容，名称为#container #head，为后代选择器，显示顺序为结构中的层次路径，由于 ID 的唯一性，因此此处的#container 可以删掉，即创建名为#head 的规则，单击"确定"按钮，打开"#head 的 CSS 规则定义"对话框，设置 head 容器高度为 137 px。要为谁创建 CSS 规则，就可以把光标定位在该处。用此方法创建的 CSS 规则层次清晰，既可以节省输入的时间又可以减少输入的错误，还可以减少 ID 与 class 的数量。

（2）用同样的方法创建复合为#head img 的 CSS 规则，设置 LOGO 左浮动，上外边距为 30px。

（3）创建 ID 为 nav 的 CSS 规则，设置 nav 容器宽为 830 px，高为 137 px，右浮动。

（4）创建复合为#nav img 的 CSS 规则，设置公司说明图片右浮动，上下外边距为 20 px。

（5）创建复合为#nav ul 的 CSS 规则，设置导航列表背景图像为 nav_01.jpg，水平重复，清除所有浮动。

（6）创建复合为#nav ul li 的 CSS 规则，设置列表项左浮动，宽为 80px，左右内边距为 10px，右外边距为 1px，右边框为 1px，实线，颜色为白色。

（7）创建复合为#nav ul li a 的 CSS 规则，设置导航超链接字体颜色为白色，行高为 180%，无下划线，左右内边距为 10px。

（8）创建复合为#nav ul li a:hover 的 CSS 规则，设置光标放在超链接上时背景色为#F60。
至此头部美化完毕，具体代码如下，预览效果如图 6-35 所示。

```
#head {
        height: 137px;
}
#head img {
        float: left;
        margin-top: 30px;
}
#nav {
        float: right;
        height: 137px;
        width: 830px;
}
#nav ul li a {
        color: #FFF;
        text-decoration: none;
        line-height: 180%;
        padding: 0px 10px;
}
#nav ul li a:hover {
        background-color: #F60;
}
```

```
#nav ul li {
        text-align: center;
        float: left;
        list-style-type: none;
        margin-right: 1px;
        padding: 0 10px;
        border-right: 1px solid #FFF;
        width: 80px;
}
#nav img {
        float: right;
        margin: 20px 0px;
}
#nav ul {
        clear: both;
        background-image: url(images/nav_01.jpg);
        background-repeat: repeat;
        overflow: hidden;
}
```

图 6-35 头部美化效果

4．美化 Banner

Banner 处就是一张图片，因此不用美化，其预览效果如图 6-36 所示。

5．美化内容

（1）左边内容美化。

1）创建 ID 为 content 的 CSS 规则，设置 content 容器上外边距为 25px，溢出为 hidden。

2）创建 ID 为 left 的 CSS 规则，设置 left 容器宽为 636px，高为 220px，左浮动，背景图为 bk_center.jpg，垂直重复。

图 6-36　Banner 效果

3）创建 ID 为 left_content 的 CSS 规则，设置 left_content 容器左右内边距为 20px。

4）创建类为 bti 的 CSS 规则，设置标题容器下边框为 1px 的虚线，溢出为 hidden。

5）创建类为 bt_img 的 CSS 规则，设置其左浮动。选择标题图片 about.jpg，在"属性"面板的"类"下拉列表中选择 bt_img 应用样式。

6）创建类为 bt_more 的 CSS 规则，设置其左浮动。选择图片 more1.jpg，在"属性"面板的"类"下拉列表中选择 bt_more 应用样式。

7）创建标签 p 的 CSS 规则，设置其宽为 425px，左浮动，行高为 180%，首行缩进 2ems。

8）创建类为 pic 的 CSS 规则，设置其右浮动，上外边距为 15px。选择图片 content.jpg，在"属性"面板的"类"下拉列表中选择 pic 应用样式。

至此，左边内容美化完毕，具体代码如下，预览效果如图 6-37 所示。

```css
#left {
    height: 210px;
    width: 636px;
    float: left;
    background-image: url(images/bk_center.jpg);
    background-repeat: repeat-y;
}
#right {
    float: right;
    height: 210px;
    width: 300px;
}
#content {
    margin-top: 25px;
    overflow: hidden;
}
#left_content {
    padding: 0px 20px;
    height: 190px;
}
```

```css
.bti {
    border-bottom: 1px dashed;
    overflow: hidden;
}
.bt_more {
    float: right;
}
p {
    line-height: 180%;
    text-indent: 2em;
    float: left;
    width: 425px;
}
.pic {
    float: right;
    margin-top: 15px;
}
.bt_img {
    float: left;
}
```

（2）右边内容美化。

1）创建 ID 为 right 的 CSS 规则，设置 right 容器宽度为 300px，高度为 200px，右浮动。

2）由于标题 DIV 容器类名为 bti，因此其直接使用左边内容标题 DIV 相同的样式。

3）选择标题图片 news.jpg，在"属性"面板的"类"下拉列表中选择 bt_img，直接应用 .bt_img 样式。

图 6-37　左边内容美化效果

4）选择图片 more2.jpg，在"属性"面板的"类"下拉列表中选择 bt_more，直接应用.bt_more样式。

5）创建复合#right ul 的 CSS 规则，设置列表左内边距与上外边距为 0px。

6）创建复合#right ul li 的 CSS 规则，设置列表项行高为 200%，左内边距为 25px，背景图像为 pic.jpg，不重复，水平左对齐，垂直居中对齐，前面无列表符号。

至此，右边内容美化完毕，具体代码如下所示，预览效果如图 6-38 所示。

```
#right {
        float: right;
        height: 220px;
        width: 300px;
}
#right ul li {
        line-height: 200%;
        padding-left: 25px;
        list-style-type: none;
        background: url(images/pic.png) no-repeat left center;
}
#right ul {
        padding-left: 0px;
        margin-top: 0px;
}
```

图 6-38　右边内容美化效果

6. 美化版尾

创建 ID 为 footer 的 CSS 规则，设置其高度为 50px，行高为 50px，文本为居中对齐，背景为绿色#060，文字为白色，清除浮动，具体代码如下所示：

```
#footer {
        text-align: center;
        line-height: 50px;
        height: 50px;
        clear: both;
        background-color: #060;
        color: #FFF;
}
```

思考练习

一、简答题

1、怎么使一个 HTML 页面中的层（<div id="main"></div>）水平居中，并仅对当前页面生效？

2、简述你对盒模型的理解。

3、简述 border:none 和 border:0 的区别。

二、操作题

1、有如下所示代码，按照要求写出其 CSS 代码。

```
<ul>
<li><a href="#">栏目一</a></li>
<li><a href="#">栏目二</a></li>
<li><a href="#">栏目三</a></li>
<li><a href="#">栏目四</a></li>
<li><a href="#">栏目五</a></li>
<li><a href="#">栏目六</a></li>
</ul>
```

要求：（1）改为横向展开的导航栏，并且光标悬停在超链接上更改其背景颜色；
　　　（2）改为竖向导航，并保持光标效果。

2、有如下所示代码，按照要求写出其 CSS 代码。

```
<div id="div1"></div>
<div id="div2"></div>
<div id="div3"></div>
```

要求：（1）左中右三栏布局；从左到右为 1 2 3；
　　　（2）左中右三栏布局；从左到右为 1 3 2；
　　　（3）左中右三栏布局；从左到右为 3 2 1。

3、用 DIV+CSS 编写出实现如图 6-39 所示页面效果的关键 HTML 代码。其中，A、B、C、D、E 均为默认字号和默认字体，并且加粗显示，它们都位于各自单元格的正中间，A 单元格的高度为 200 像素，B 单元格的高度为 100 像素，C 单元格的宽度为 100 像素，高度为 200 像素。

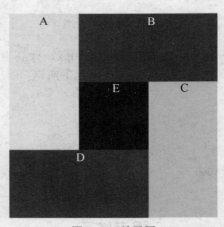

图 6-39　效果图

拓展训练

为了巩固所学知识，加深对 DIV+CSS 布局网页方法以及制作网页步骤的掌握，深刻理解

CSS 盒模型，熟练创建 CSS 规则，可按需求美化网页，请使用 DIV+CSS 布局方法制作如图 6-40 所示的网页，并使用 CSS 规则进行美化。

图 6-40　拓展训练效果

步骤提示：

（1）分析网页效果，画出网页布局图。

（2）根据布局图用 DIV 搭建网页框架。

（3）在框架中添加网页内容。

（4）创建 CSS 规则美化网页。

项目七　统筹兼顾－框架网页

【问题引入】

框架是网页中经常使用的页面设计方式，框架的作用就是把网页在一个浏览器窗口下分割成几个不同的区域，实现在一个浏览器窗口中显示多个 HTML 页面。使用框架可以非常方便地完成导航工作，让网站的结构更加清晰，而且各个框架之间绝不存在干扰问题。

【解决方法】

利用框架的最大特点就是使网站的风格一致，通常把一个网站中页面相同的部分单独制作成一个页面，作为框架结构的一个子框架的内容给整个网站公用。

【学习任务】

- 认识框架和框架集
- 创建框架和框架集
- 编辑和设置框架与框架集
- 创建 iframe 内框架

【学习目标】

- 了解框架和框架集的概念
- 掌握创建框架集和框架的方法
- 掌握编辑和设置框架的方法
- 能够使用 iframe 创建内框架

7.1　任务 1：认识和创建框架

任务目标：了解框架的概念，掌握框架的创建方法。

7.1.1　认识框架和框架集

框架是网页制作过程中必不可少的一种 Web 技术。在 Dreamweaver 中，利用框架和框架集，可以将单个网页分成多个独立的区域，以实现在一个浏览器窗口中同时显示多个页面的效果。通过构建这些页面之间的关系，可以实现文档导航、浏览等功能。框架多应用于各种论坛和电子邮箱页面，如图 7-1 所示。

1. 框架集

框架集用于定义一组框架的布局和属性，包括框架的数目、大小、位置以及最初在每个框架中显示的网页。框架集文件本身不包含要在浏览器中显示的内容，它只是向浏览器提供应如何显示一组框架以及在这些框架中应显示哪些文档等信息。

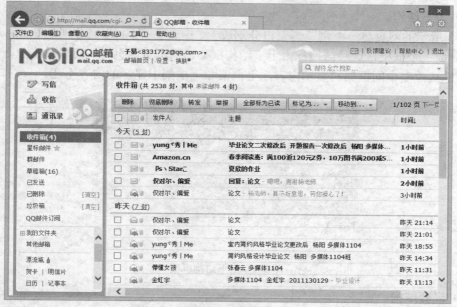

图 7-1　腾讯邮箱

2. 框架

框架是框架集中所要载入的文档，它实际上就是单独的网页文件。只有在框架页面创建好后，在浏览器中浏览时才能正常显示框架集。

3. 框架的结构类型

使用 Dreamweaver CS6 制作网页时，根据框架分布和各框架的不同作用，框架结构可以分为多种类型，常用的框架结构有左右、上下和嵌套结构。

（1）左右结构。

左右结构框架由左右两个框架组成，可以在浏览器中同时打开两个页面。该框架由三个网页文件组成，框架集文件（如命名为 index.html）、左框架文件（命名为 left，网页文件为 left.html）和右框架文件（命名为 right，网页文件为 right.html），如图 7-2 所示。

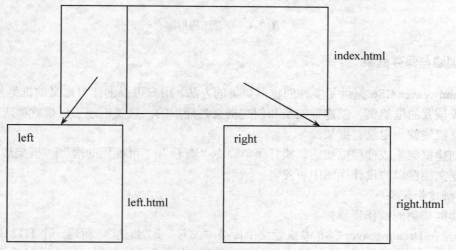

图 7-2　左右结构框架

（2）上下结构。

图 7-3 所示的网页将一个浏览器窗口分割成上、中、下三个部分，分别是 Frame A、Frame B、Frame C 三个框架，这种结构称为上下结构框架。当浏览网页时，可以单击上框架导航条中的任一链接改变中间框架的显示内容，上框架和下框架中显示的内容不变。

图 7-3　上下结构框架

（3）嵌套结构。

图 7-4 所示的网页将一个浏览器窗口分割成上、左下、右下三个部分，分别是上、左下、右下三个框架，一个框架集文件包含多个框架，这种结构称为嵌套结构框架。如果在一组框架中，不同行或者不同列中有不同数量的框架，则称使用了嵌套的框架集。在 Dreamweaver CS6 中，大多数预定义的框架集都是嵌套框架集。

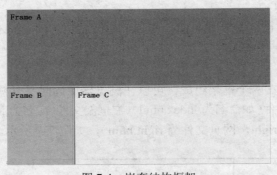

图 7-4　嵌套结构框架

7.1.2　创建与保存框架

Dreamweaver CS6 提供了多种创建框架集的方法，用户可以创建自定义的框架集，也可以使用系统预置的框架集。创建框架集和创建框架是同步的，只要创建了框架就形成了框架集，创建了框架集就一定具有框架。

在创建框架集或使用框架前，执行菜单命令"查看"|"可视化助理"|"框架边框"，使框架边框在文档窗口的设计视图中可见。

1. 新建框架集

新建框架集的操作步骤如下：

（1）在 Dreamweaver CS6 中执行菜单命令"文件"|"新建"，新建一个 HTML 文件。

（2）执行菜单命令"插入"|HTML|"框架"，选择合适的框架结构，此处选择"对齐上

缘"，如图 7-5 所示，创建上下结构框架。

（3）弹出"框架标签辅助功能属性"对话框，如图 7-6 所示。为每个框架指定一个标题，单击"确定"按钮，即可创建一个预定义框架集，如图 7-7 所示。接下来就可以按照所选的框架结构进行页面布局。

图 7-5 新建框架集

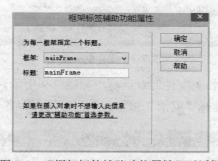

图 7-6 "框架标签辅助功能属性"对话框

图 7-7 创建的框架集

　　说明：在图 7-6 所示的界面中的"框架"下拉列表中有 mainFrame 和 topFrame 两个框架选项，每选择其中一个框架，就可以在其下面的"标题"文本框中为每个框架指定一个标题名称。

　　2．保存框架

　　每一个框架都有一个框架名称，可以用默认的框架名称，也可以在"属性"面板上修改名称，这里采用的是系统默认的框架名称 topFrame（上方）或 mainFrame（下方）。

　　（1）执行菜单命令"文件"|"保存全部"，首先要求保存框架集，如图 7-8 所示。

图 7-8　保存框架集

　　（2）然后会弹出"复制相关文件"对话框，如图 7-9 所示，这是因为各个框架中并没有指定具体的文档。此时可以选择"取消"按钮，然后分别保存各个框架的文档。

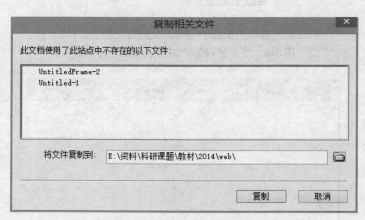

图 7-9　"复制相关文件"对话框

　　（3）将光标放在没有保存的框架文档中，执行菜单命令"文件"|"保存框架"命令，即可实现框架文档的保存。同时在文档窗口上方会看到当前框架中的文档名称，如图 7-10 所示。

　　这些步骤虽然简单，但是很关键，只有将总框架集和各个框架保存在本地站点的根目录下，才能保证浏览页面时的正常显示。

图 7-10　框架中的文档

7.1.3　框架基本操作

1．选择框架集和框架

在修改、查看框架集或框架的属性前需要选中它们。可以在文档或者"框架"面板中选择框架集或框架集内的某个框架。

执行菜单命令"窗口"|"框架"或按快捷键 Shift+F2，打开"框架"面板，如图 7-11 所示。"框架"面板显示了页面中框架的准确表示形式，包括框架示意图及每个框架的名称，如果没有命名，则显示"没有名称"。嵌套框架使用粗边框显示。

图 7-11　"框架"面板

选择框架集的方法：在"框架"面板中单击框架集外边框即可选中该框架集。也可以在文档中单击框架集的任何一条边框来选择框架集。

选择框架集中某个框架的方法为：在"框架"面板中单击该框架集的内部区域，也可以在文档中按住 Alt 键的同时，单击框架内部的任何区域来选择框架。

2. 设置框架属性

在 Dreamweaver CS6 中可以通过框架的"属性"面板对框架的属性进行详细的设置，主要包括框架名称、源文件、滚动、边框等参数。

（1）执行菜单命令"窗口"|"框架"，打开"框架"面板，单击 topFrame 框架，从而选中该框架，显示 topFrame 的"属性"面板，如图 7-12 所示。

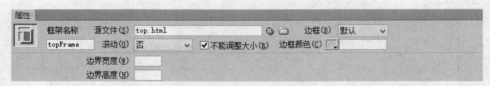

图 7-12　设置 topFrame 框架的属性

（2）选中框架后，可以在"属性"面板中设置框架属性：框架名称、源文件、空白边距、滚动条、重置大小和边框属性等。

- 源文件：指定在当前框架中显示的页面。
- 滚动：制定框架是否显示滚动条。选择"默认"选项表示使用浏览器的默认值。大多数浏览器默认为"自动"，表示只有在浏览器窗口无法一次显示当前框架的完整内容时，才显示滚动条。
- 不能调整大小：选择该复选框，在浏览网页时，不能拖动框架边框调整框架大小。
- 边框：设置是否在浏览器中显示或隐藏当前框架的边框。如果设置为"默认"，则与父框架具有相同的边框属性。
- 边框颜色：设置所有框架边框的颜色。
- 边界宽度：以像素为单位设置框架左边距和右边距的大小。
- 边界高度：以像素为单位设置框架上边距和下边距的大小。

说明：框架是不可以合并的；在创建链接时要用到框架名称，所以应该清楚地知道每个框架对应的框架名。

3. 设置框架集属性

修改框架集属性的方法和设置框架属性相似。

（1）执行菜单命令"窗口"|"框架"，打开"框架"面板，在"框架"面板中单击环绕框架集的边框，选中框架集。

（2）在"属性"面板上，选中框架区，然后修改框架集属性，如图 7-13 所示。

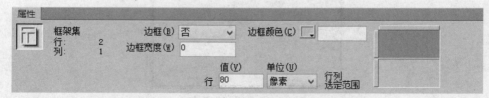

图 7-13　设置框架集属性

- 边框：设置在浏览器中浏览网页时，框架边框是否显示。如果要让浏览器决定如何显示边框，则选择"默认"选项。

- 边框宽度：设置框架集中所有边框的宽度。
- 边框颜色：设置边框的颜色。
- 行列选定范围：设置选定框架集各行和各列的框架大小。单击框架集缩略图左侧的标签可以选择一行，单击顶部的标签可以选择一列，然后在"值"文本框中输入选定行的高度或选定列的宽度。
- 单位：指定浏览器分配给每个框架空间大小的单位。包括"像素"、"百分比"和"相对"三个选项。

提示：在文档窗口的设计视图中拖动框架边框，可以粗略地设置框架大小，然后再在"属性"面板中设置准确的大小。

4. 设置无框架内容

并不是所有的浏览器都支持框架，当在不支持框架的浏览器中打开框架页面时，浏览器只显示 HTML 文件中的<noframes>和</noframes>标签间的内容。通常，将这部分内容称为无框架内容。

在 Dreamweaver CS6 中创建无框架内容的操作步骤如下：

（1）执行菜单命令"修改"|"框架集"|"编辑无框架内容"，使网页框架消失，显示完整的设计视图，视图上方标注"无框架内容"。

（2）按照编辑普通文档的方法，编辑其中的内容，如输入文本、插入图像及创建链接等，如图 7-14 所示。

图 7-14　编辑无框架内容

（3）再次执行菜单命令"修改"|"框架集"|"编辑无框架内容"，可退出无框架内容编辑状态，返回原来的框架集文档窗口。

5. 设置链接的目标框架

框架的主要用途之一是导航。要想在一个框架中单击链接能在另一个框架中显示链接的文档，需要设置链接的目标框架。目标框架就是链接的目标文件所在的框架。例如，导航条位于上框架，如果希望链接的内容显示在下框架中，则应将下框架指定为每个导航条链接的目标框架。这样，当单击导航链接时，会在下框架中打开链接的文档。

为链接对象设置目标框架的操作步骤如下：

（1）在文档中选择要设置超链接的对象，可以是文本、图像等。

（2）单击"属性"面板中"链接"右边的"浏览文件"图标▢，在打开的"选择文件"对话框中选择要链接到的网页，或将"指向文件"图标◎拖到到"文件"面板中需要链接的网页文档上，以选择要链接的文件。

（3）在"属性"面板的"目标"下拉列表中，选择链接文档在哪个框架中打开，如图 7-15

所示。该下拉列表中各选项的作用如下：

- _blank：在新的浏览器窗口中打开链接的文档，同时保持当前窗口不变。
- _parent：在显示链接的框架的父框架集中打开链接的文档，同时替换整个框架集。
- _self：在当前框架中打开链接，同时替换该框架中的内容。
- _top：在当前浏览器窗口中打开链接的文档，同时替换所有框架。

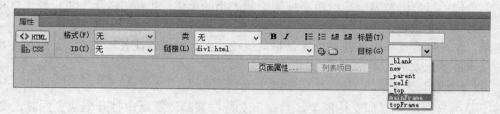

图 7-15　为链接对象设置目标框架

7.2　任务 2：制作框架网页——婚礼策划公司网页

任务目标：通过一个具体的案例制作来掌握框架的基本知识，掌握框架网页的制作方法以及相关属性的设置。

7.2.1　案例效果展示与分析

本案例利用框架制作一个婚庆公司的网站页面。

【效果展示】网页效果如图 7-16 所示。

图 7-16　婚庆公司网站首页

【分析】从页面整个布局来看，页面分为上中下框架，中间框架又拆分为左右两个框架。最上面框架为 LOGO 与主导航，中间左侧框架为次导航，中间右侧为页面主体内容，最下方框架为版尾。"框架"面板效果如图 7-17 所示。

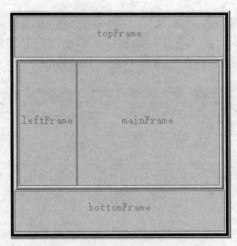

图 7-17　网站页面整体框架

7.2.2　制作框架集网页

（1）执行菜单命令"文件"|"新建"，新建一个空白页面。

（2）执行菜单命令"插入"|HTML|"框架"|"上方及下方"框架，在弹出的"框架标签辅助功能属性"对话框中，保持默认设置。

（3）单击"确定"按钮，即可创建一个预定义的框架集，如图 7-18 所示。

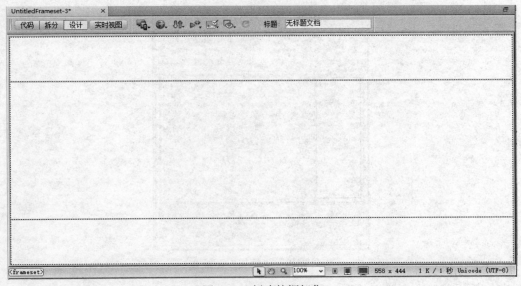

图 7-18　创建的框架集

（4）将光标置于中间框架内，然后执行菜单命令"修改"|"框架集"|"拆分右框架"，将该框架拆分为左右两个框架，如图 7-19 所示。

提示： 为了满足网页布局的需要，在网页设计过程可能会调整框架的大小。只要将光标移至要调整大小的框架的边界线上，当光标变为双向箭头时拖动光标，即可调整框架大小到满意的效果。

（5）执行菜单命令"窗口"｜"框架"，可以看到刚拆分的框架没有自己的名称，因此需要为其命名。如图 7-20 所示，在"框架"面板中，单击没有名称的框架，即可选中该框架，在其"属性"面板中的"框架名称"文本框中输入 leftFrame。

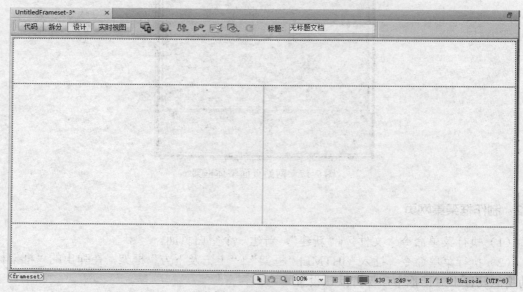

图 7-19　拆分框架

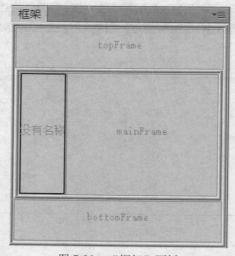

图 7-20　"框架"面板

（6）执行菜单命令"文件"｜"框架集另存为"，打开"另存为"对话框，输入文件名为 index.html。单击"保存"按钮，即可保存整个框架集文件。按 F12 键预览网页，效果图如图 7-21 所示。系统会提示保存其他框架页面。

（7）将光标放置在 topFrame 框架，执行菜单命令"文件"｜"保存框架"，将上框架保存为 top.html。

（8）同样的方法，保存其他几个框架，分别命名为：left.html、main.html、bottom.html。

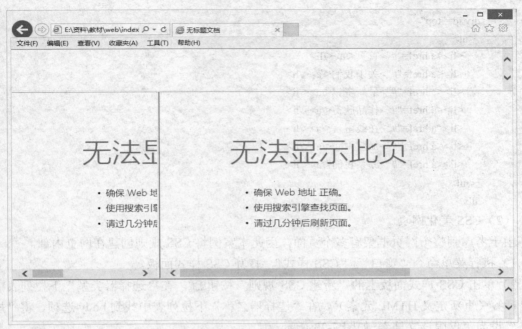

图 7-21　创建的框架集

7.2.3　制作框架网页

1. 制作 topFrame 框架网页

（1）搭建网页结构。

1）打开"框架"面板，单击 topFrame 框架，从而选中该框架。

2）在"属性"面板中设置相应的属性值，如图 7-22 所示。

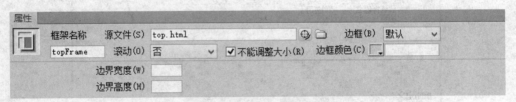

图 7-22　topFrame 框架属性设置

3）将光标定位在 topFrame 框架视图中，在"插入"面板的"常用"选项卡中单击"插入Div 标签"按钮，弹出"插入 Div 标签"对话框，在 ID 文本框中输入 top，然后单击"确定"按钮，在网页中插入 ID 为 top 的 DIV 标签。

4）将光标放置在刚插入的 top 标签内，输入"首页"文字，选中该文字，在"属性"面板中，单击"项目列表"按钮 ≣，将其设置为项目列表。

5）按 Enter 键后，依次输入其他列表项"关于我们"、"最新资讯"、"作品欣赏"、"在线留言"、"加盟中心"、"联系我们"。

6）为所有导航文字创建空链接。

删除在插入 DIV 标签时自动生成的文字。至此，页面的基本框架结构搭建完成，具体代码如下所示：

```
            <div id="top">
              <ul>
                <li><a href="#">首页</a></li>
                <li><a href="#">关于我们</a></li>
                <li><a href="#">最新资讯</a></li>
                <li><a href="#">作品欣赏</a></li>
                <li><a href="#">在线留言</a></li>
                <li><a href="#">加盟中心</a></li>
                <li><a href="#">联系我们</a></li>
              </ul>
            </div>
```

（2）CSS 美化网页。

由于考虑到整个网页框架有多个页面，因此本案例将 CSS 规则创建在网页内部。

1）执行菜单命令"窗口"|"CSS 样式"，打开 CSS 样式面板。

2）单击 CSS 样式面板上的"新建 CSS 规则"按钮 ，在"选择器类型"下拉列表中选择"标签（重新定义 HTML 元素）"，在"选择器名称"下拉列表中找到 body 选项，将"规则定义"设为"仅限该文档"，如图 7-23 所示。

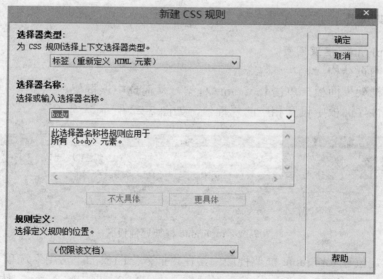

图 7-23　定义 body 规则

3）单击"确定"按钮，在"body 的 CSS 规则定义"对话框中，选择"方框"分类，取消 Margin "全部相同"复选框，设置 Top 和 Bottom 的值为 0，如图 7-24 所示；设置"区块"分类中的 Text-align 为 center，以使网页中的内容水平居中；单击"确定"即可完成 body 的 CSS 规则的定义。

4）创建 ID 为 top 的 CSS 规则，在"#top 的 CSS 规则定义"对话框中设置 top 容器宽度为 1000px，高度为 162px，上下外边距为 0px，左右外边距为 auto，背景为 topbg.jpg，不重复。

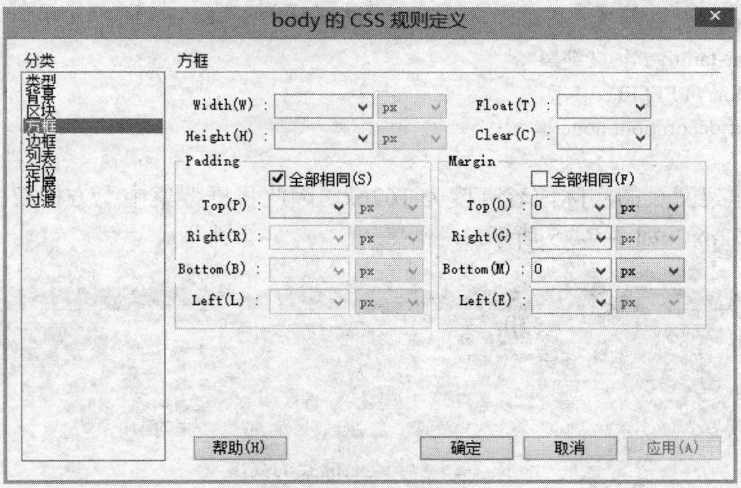

图 7-24　定义 body 的页边距

此时完成部分的代码如下：

```
<style type="text/css">
body {
        margin: 0px;
        margin-bottom: 0px;
        text-align: center;
}
#top {
        background-image: url(images/topbg.jpg) no-repeat;
        height: 162px;
        width: 1000px;
        margin: 0 auto;
}
</style>
```

5）创建复合为#top ul 的 CSS 规则，设置 Float 的值为 right，右外边距为 100px。

6）创建复合为#top ul li 的 CSS 规则，设置背景颜色为#FF6875，Float 值为 left，宽度为 70px，高度为 30px，Padding-left、Padding-right 和 Padding-top 为 5px，Margin-top 为 80px，Margin-right 为 5px，列表类型为无。

7）创建复合为#nav ul li a 的 CSS 规则，设置导航超链接字体颜色为白色，字体为"华文细黑"，无下划线，左右内边距为 10px。

8）创建复合为#nav ul li a:hover 的 CSS 规则，设置光标放在超链接上时背景色为#C33。

此时，CSS 规则设置完毕，相应的代码如下：

```
#top ul {
    float: right;
    margin-right: 100px;
}
#top ul li {
    width: 70px;
    height: 30px;
    margin-right: 80px 5px 0px 0px;
    padding: 5px 5px 0 5px;
    float: left;
    background-color: #FF6875;
    list-style-type: none;
}
#top ul li a:hover {
    color: #C33;
}
```

```
#top ul li a {
    font-family: "华文细黑";
    color: #FFFFFF;
    text-decoration: none;
}
```

9）由于上框架网页的实际内容高度为 162px，因此将框架集中上方框架的高度在"属性"面板中修改为 162px，如图 7-25 所示。

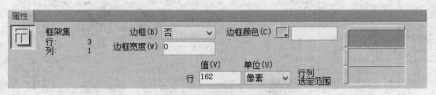

图 7-25   修改上框架的高度

10）完成后的 top.html 页面预览效果如图 7-26 所示。

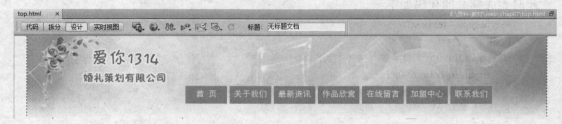

图 7-26   top.html 页面效果

2. 制作 leftFrame 框架网页

（1）搭建结构。

1）将光标定位在 leftFrame 框架的"设计"视图中，在"插入"面板的"常用"选项卡中单击"插入 Div 标签"按钮，弹出"插入 Div 标签"对话框，在 ID 文本框中输入 container，然后单击"确定"按钮，即在页面中插入一个 ID 为 container 的 DIV。

2）将光标定位在刚插入的 container 标签中，继续在内部插入 ID 为 top 的 DIV 标签。

3）用同样的方法，分别在 container 标签中插入 ID 为 mid、bott 的 DIV 标签。

4）将光标定位在 top 标签中，执行菜单命令"插入"｜"图像"，插入图像 lefttb.jpg，其属性默认设置。

5）将光标定位在 mid 标签中，输入次导航文字"摄像摄影"、"婚礼主持"、"化妆造型"、"婚车租赁"、"婚场布置"、"新房布置"、"婚礼策划"、"喜糖礼包"、"婚纱礼服"，并将其设置为空链接。

6）将光标定位在 bott 标签中，删除插入标签时自动生成的文字，并输入一个空格符。该部分暂时不放置内容。

至此，左框架页面的基本结构搭建完成，代码如下所示：

```
<div id="container">
    <div id="top"><img src="images/lefttb.jpg" width="250" height="105" /></div>
    <div id="mid">
        <ul>
            <li><a href="#">摄像摄影</a></li>
```

```
            <li><a href="#">婚礼主持</a></li>
            <li><a href="#">化妆造型</a></li>
            <li><a href="#">婚车租凭</a></li>
            <li><a href="#">婚场布置</a></li>
            <li><a href="#">新房布置</a></li>
            <li><a href="#">婚礼策划</a></li>
            <li><a href="#">喜糖礼包</a></li>
            <li><a href="#">婚纱礼服</a></li>
        </ul>
    </div>
    <div id="bott"> </div>
</div>
```

（2）CSS 美化网页。

1）执行菜单命令"窗口"|"CSS 样式"，打开 CSS 样式面板。

2）创建标签为 body 的 CSS 规则，在"body 的 CSS 规则定义"对话框中设置文本对齐为右对齐；内边距与外边距为 0。

3）创建 ID 为 container 的 CSS 规则，在"#container 的 CSS 规则定义"对话框中设置 container 背景图像为 mm.jpg，不重复，位置右下对齐，容器宽度为 240px，上右下外边距为 0，文本居中对齐，设置为右浮动。

4）创建 ID 为#top 的 CSS 规则，在"#top 的 CSS 规则定义"对话框中设置外边距和内边距都为 0px，宽度为 240px，高度为 94px。

代码如下所示：

```
body {
        text-align: right;
        margin: 0px;
        padding: 0px;
}
#container {
        float: right;
        width: 240px;
        text-align: center;
        background-image: url(images/mm.jpg) no-repeat right bottom;
}
#top {
        height: 94px;
        width: 240px;
}
```

6）创建复合为#mid ul 的 CSS 规则，在"#mid ul 的 CSS 规则定义"对话框中设置文本居中对齐，宽度为 120px，左外边距为 20px。

7）创建复合为#mid ul li 的 CSS 规则，在"#mid ul li 的 CSS 规则定义"对话框中设置文本左对齐，行高为 30px，边框宽度为细，边框样式为点画线，边框颜色为#F66，项目列表符号位置为外部，列表类型为无，列表图像为 tb2.png。

8）创建复合为#mid ul li a 的 CSS 规则，在"#mid ul li a 的 CSS 规则定义"对话框中设置字体为"方正卡通简体"，颜色为#FF6666，无下划线，左内边距为 20px。

9）创建复合为"#mid ul li a:hover"的 CSS 规则，设置字体颜色为#AA0000。

至此，对于左框架网页的 CSS 美化工作基本完成，代码如下所示：

```
#mid ul {
    text-align: center;
    width: 120px;
    margin-left: 20px;
}
#mid ul li {
    border-bottom-width: dotted thin #F66;
    list-style-position: outside;
    list-style-type: none;
    text-align: left;
    list-style-image: url(images/tb2.png);
    line-height: 30px;
}
```

```
#mid ul li a {
    font-family: "方正卡通简体";
    color: #FF6666;
    text-decoration: none;
    padding-left: 20px;
}
#mid ul li a:hover {
    color: #AA0000;
}
```

10）左框架本身的大小将决定整个左框架中网页的显示效果，为了和上框架中网页的左边基本对齐，因此需要在该框架集的"属性"面板中修改左边框架的大小为 30%，如图 7-27 所示。

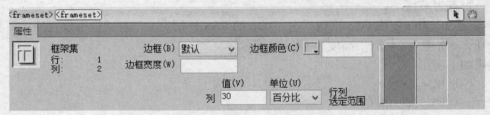

图 7-27　修改左框架的比例

11）保存页面，按 F12 键预览效果，如图 7-28 所示。

图 7-28　左框架页面效果

3．制作 mainFrame 框架网页

（1）搭建结构。

1）将光标定位在 mainFrame 框架的"设计"视图中，在"插入"面板的"常用"选项卡中单击"插入 Div 标签"按钮，弹出"插入 Div 标签"对话框，在 ID 文本框中输入 container，然后单击"确定"按钮，即在页面中插入一个 ID 为 container 的 DIV。

2）将光标定位在刚插入的 container 标签中，继续在内部插入 ID 为 head 的 DIV 标签。

3）同样的方法，继续在 container 标签内部插入 ID 为 down 的 DIV 标签。

4）将光标定位在 ID 为 head 的 DIV 标签内，插入图像 mtb.jpg，输入文字"最新资讯"，继续插入图像 mtb.jpg。为了单独给文本做格式化，因此把文字"最新资讯"放置在<span>标签里，并添加 class 为 wz 的属性。

5）继续添加项目列表文字，如图 7-29 所示。并将前面的文字设置为空链接。

最新资讯

- "爱你1314南部店隆重开业!"　(2014-3-20)
- "爱你1314北部店隆重开业!"　(2014-3-20)
- "爱你1314东城店隆重开业!"　(2014-3-20)
- "爱你1314西域店隆重开业!"　(2014-3-20)

图 7-29　资讯信息文字

6）将光标定位在 ID 为 down 的 DIV 标签内，执行菜单命令"插入"|"图像"，插入图像 p1.jpg，设置宽度为 220px，高度为 150px。

7）同样的方法分别插入图像 p2.jpg 和 p3.jpg，不约束比例，设置宽度为 220px，高度为 150px。由于图片的格式相同，因此为三张图片添加 class 为 d1 的属性，方便 CSS 格式化。

此时，基本框架内容搭建完成，代码如下：

```
<div id="container">
    <div id="head">
        <img src="images/mtb.jpg" width="46" height="20" /><span class="wz">最新资讯</span><img src="images/mtb.jpg" width="46" height="20" />
        <ul>
          <li><a href="#">"爱你 1314 南部店隆重开业!"</a>    (2014-3-20)</li>
          <li><a href="#">"爱你 1314 北部店隆重开业!"</a>    (2014-3-20)</li>
          <li><a href="#">"爱你 1314 东城店隆重开业!"</a>    (2014-3-20)</li>
          <li><a href="#">"爱你 1314 西域店隆重开业!"</a>    (2014-3-20)</li>
        </ul>
    </div>
    <div id="down">
        <img class="d1" src="images/p1.jpg" width="220" height="150" />
        <img class="d1" src="images/p2.jpg" width="220" height="150" />
        <img class="d1" src="images/p3.jpg" width="220" height="150" />
    </div>
</div>
```

（2）CSS 美化网页。

1）执行菜单命令"窗口"|"CSS 样式"，打开 CSS 样式面板。

2）创建标签为 body 的 CSS 规则，在"body 的 CSS 规则定义"对话框中设置文本对齐为左对齐；外边距为 0px，字体大小为 12px，字体颜色为#999。

3）创建 ID 为 container 的 CSS 规则，在"#container 的 CSS 规则定义"对话框中设置 container 标签的宽度为 760px，内边距为 0px，上右下边距为 0px，左外边距为 10px。

4）创建 ID 为#head 的 CSS 规则，在"#head 的 CSS 规则定义"对话框中设置背景颜色为 m1.jpg，不重复，外边距为 0px，内边距 10px，高度为 200px。

5）创建 ID 为#down 的 CSS 规则，在"#down 的 CSS 规则定义"对话框中设置内外边距均为 0px，宽度为 740px，高度为 170px，边框为粗实线，边框颜色为#F9C。

此时，完成的 CSS 规则代码如下：

```
#container {                                          #down {
    padding: 0px;                                        margin: 0px;
    width: 760px;                                        padding: 0px;
    margin-top: 0px 0px 0px 10px;                        height: 170px;
}                                                        width: 740px;
#head {                                                  border: thick solid #F9C;
    margin: 0px;                                      }
    padding: 10px;
    height: 200px;
    background-image: url(images/m1.jpg) no-repeat;
}
```

6）创建 class 为.wz 的 CSS 规则，在".wz 的 CSS 规则定义"对话框中设置字体为"方正粗圆简体"，字号为 18px，颜色为#930。

7）创建复合为#head ul 的 CSS 规则，在"#head ul 的 CSS 规则定义"对话框中设置宽度为 300px，左右内边距为 10px，外边距为 0px。

8）创建复合为#head ul li 的 CSS 规则，在"#head ul li 的 CSS 规则定义"对话框中设置行高为 30px，边框宽度为细，边框样式为点画线，边框颜色为#930，项目列表符号位置为内部，列表类型为方块。

9）创建复合为#head ul li a 的 CSS 规则，在"#head ul li a 的 CSS 规则定义"对话框中设置字体为"微软雅黑"，颜色为#930，无下划线，字号大小为 14px。

CSS 规则代码如下：

```
.wz {                                            #head ul {
    font-family: "方正粗圆简体";                      width: 300px;
    font-size: 18px;                                 margin: 0px;
    color: #930;                                     padding: 0px 10px;
}                                                }
#head ul li {                                    #head ul li a {
    line-height: 30px;                               font-family: "微软雅黑";
    border-bottom-width: dotted thin #930;           font-size: 14px;
    list-style-type: square;                         color: #930;
    list-style-position: inside;                     text-decoration: none;
}                                                }
```

至此，完成的右框架网页上半部分 CSS 美化后的效果如图 7-30 所示。

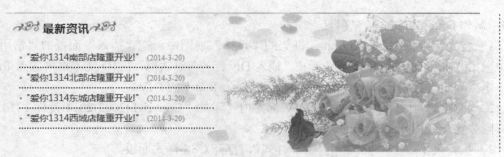

图 7-30　右框架网页中上半部分的效果

10）继续美化右框架网页的下半部分。创建 class 为.d1 的 CSS 规则，在 ".d1 的 CSS 规则定义" 对话框中设置左右外边距为 10px，上下外边距为 5px，边框为白色的中实线。

此部分完成后的效果如图 7-31 所示，代码如下：

```
.d1 {
    margin-right: 5px;
    margin-left: 5px;
    padding: 5px;
    width: 220px;
    border: medium solid #FFF;
}
```

图 7-31　右框架网页的下半部分效果

11）至此，右框架网页的所有设置完成，保存页面，按 F12 键预览，效果如图 7-32 所示。

图 7-32　三部分框架完成后的效果

4. 制作 bottomFrame 框架网页

（1）将光标定位在 bottomFrame 框架的"设计"视图中，在"插入"面板的"常用"选项卡中单击"插入 Div 标签"按钮，弹出"插入 Div 标签"对话框，在 ID 文本框中输入 footer，然后单击"确定"按钮，即在页面中插入一个 ID 为 footer 的 DIV。

（2）将光标置于 ID 为 footer 的 DIV 标签内，添加"Copyright2003-2014.爱你1314 婚礼策划有限公司 All Rights Reserved 版权所有"。

（3）执行菜单命令"窗口"|"CSS 样式"，打开 CSS 样式面板。

（4）创建标签为 body 的 CSS 规则，在"body 的 CSS 规则定义"对话框中设置外边距为0px。

（5）创建 ID 为 footer 的 CSS 规则，设置其高度为 100px，高为 30px，字体大小为 12px，行高为 30px，外边距为 auto，背景图像为 footbg.jpg，文本居中对齐。具体代码如下所示：

```
#footer {
    font-size: 12px;
    text-align: center;
    line-height: 30px;
    height: 30px;
    width: 1000px;
    margin: auto;
    background-image: url(images/footbg.jpg);
}
```

（6）保存网页，完成后的底部框架效果如图 7-33 所示。

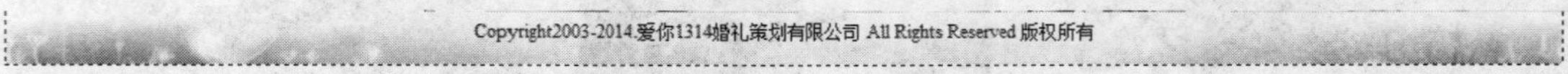

Copyright2003-2014.爱你1314婚礼策划有限公司 All Rights Reserved 版权所有

图 7-33　底部框架网页效果

7.2.4　创建框架中的链接

框架首页设计完成后，就需要给框架中的内容设置链接。在本案例中由于上方框架和左侧框架都有导航链接，而右框架则是显示各链接内容的目标框架，因此在设置链接目标时需要选择"mianFrame"框架。本节将展示"联系我们"链接文件的创建和链接的设置。

1. 创建链接网页

（1）执行菜单命令"文件"|"新建"，新建一个空白的 HTML 网页。

（2）在"插入"面板的"常用"选项卡中单击"插入 Div 标签"按钮，弹出"插入 Div 标签"对话框，在 ID 文本框中输入 content，然后单击"确定"按钮，即在页面中插入一个 ID 为 content 的 DIV。

（3）将光标定位在 content 标签内，利用段落标签<h3>，输入如图 7-34 所示的文字信息。

（4）执行菜单命令"窗口"|"CSS 样式"，打开 CSS 样式面板。

（5）创建 ID 为 content 的 CSS 规则，设置其背景图像为 contact.jpg，不重复，位置为靠左、靠上，字体为"华文细黑"，字体颜色为#666，高度为 450px，宽度为 500px，上内边距为200px，左内边距为 240px，颜色为深灰色#666。

爱你1314婚礼策划有限公司

地址：重庆市沙坪坝区虎溪大学城中路48号

营业时间：星期一至星期日（AM10:00-PM18:00）

TEL:023-86861818 15823323533

客户QQ1：7877878

官方网址：http://www.an1314hq.com

图 7-34　联系信息文字

（6）保存文件，命令为 contact.html，完成设置后的页面如图 7-35 所示。代码如下所示：

```
#content {
    font-family: "华文细黑";
    background-image: url(images/contact.jpg) no-repeat left top;
    height: 450px;
    padding-top: 200px;
    width: 500px;
    padding-left: 240px;
    color: #666;
}
```

图 7-35　"联系我们"链接页面效果

（7）执行菜单命令"文件"|"打开"，打开婚礼策划公司首页 index.html。

（8）选中上方框架中的导航文本"联系我们"，然后在"属性"面板中设置"链接"为 contact.html，在"目标"下拉列表中选择框架名称 mainFrame，如图 7-36 所示。

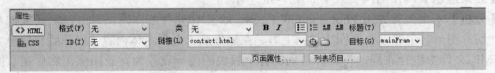

图 7-36　设置"联系我们"的链接参数

（9）执行菜单命令"文件"|"保存全部"，然后按 F12 键预览网页，单击"联系我们"，将会在右框架中显示前面制作的 contact.html 网页内容，效果如图 7-37 所示。

图 7-37　设置链接效果

7.3　任务 3：制作 iframe 框架网页

任务背景：框架文件的优点是在保持菜单等一部分内容的情况下，可以更换其中的实际内容，因此，比较容易维持网页的整体设计。但当整个网页由一个图像组成的时候，很难利用框架结构。因为把切割的图像插入到多个框架中时，很难显示成一个完整的图像。

将切割好的小图像在网页中做成一个大图像，怎样像框架文件一样在固定一部分图像的同时，只更改其中的某些内容呢？此时可以使用 iframe 框架来完成。

iframe 框架称为浮动框架或内联框架，它的内部显示的是一个文档内容，这与框架无异。该框架可以出现在标准 XHTML 网页中的任何位置。这种框架不需要出现在框架集<frameset>元素内，甚至也不需要出现在使用框架集文档声明的文档内，使用比较灵活。它的工作方式类似于嵌入到 XHTML 网页中的窗口，通过 iframe 框架可以查看另外一个网页，可以通过属性指定出现在该窗口中网页的 URL、窗口的宽度与高度，以及是否具有边框。浮动框架周围的任何文本环绕框架的方式与文字环绕图片的方式一样。

可以通过<iframe>元素来创建浮动框架。

7.3.1　案例效果展示与分析

这里利用一个实例来说明 iframe 框架的使用。

【效果展示】 制作的网页效果如图 7-38 所示。

【分析】 本案例首先用 Photoshop 或 Fireworks 图像软件制作网页界面，然后根据布局需要进行切片图形，主题上分为四大块：上方、左侧导航、右侧主体内容、底部版权信息。然后在 HTML 文件中进行布局，将切片得到的各个版块的图形设置为背景图像，然后在右侧主体内容版块插入 iframe 框架，首页链接 home.html 页面，其他各个导航按钮分别链接各个子页面，从而实现在 HTML 文件中嵌入其他 HTML 文件，进而实现文件内容相互融合，成为一个整体的效果，改变时只需改变其中一部分内容即可。

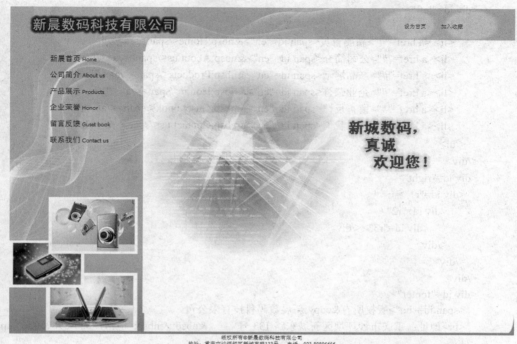

图 7-38 iframe 框架页面效果

7.3.2 制作 iframe 网页

1. 制作网页文件

（1）搭建结构。

1）打开 Dreamweaver CS6，执行菜单命令"文件"|"新建"，新建一个空白 HTML 文件，将文件保存在文件夹 iframe 中，命名为 index.html。

2）在"插入"面板的"常用"选项卡中单击"插入 Div 标签"按钮，弹出"插入 Div 标签"对话框，在 ID 文本框中输入 container，然后单击"确定"按钮，即在页面中插入一个 ID 为 container 的 DIV。

3）将光标定位在 ID 为 container 的标签内，依次插入 ID 为 head、left、right、footer 四个 DIV 标签。

4）将光标定位在 ID 为 right 的标签内，插入 ID 为 r1 的 DIV 标签，在 ID 为 r1 的标签内插入 ID 为 r2 的 DIV 标签，在 ID 为 r2 的标签内插入 ID 为 r3 的 DIV 标签。

（2）插入内容。

根据页面的需要，适当添加内容，完成后的代码如下：

```
<div id="container">
<div id="head">
  <ul>
    <li><a href="#">设为首页  </a>    </li>
```

```
                <li><a href="#">加入收藏</a></li>
            </ul>
        </div>
        <div id="left">
            <ul>
                <li> <a href="#">新晨首页<span id="en"> Home</span></a></li>
                <li><a href="#">公司简介<span id="en"> About us</span></a></li>
                <li><a href="#">产品展示<span id="en"> Products</span></a></li>
                <li><a href="#">企业荣誉<span id="en"> Honor</span></a></li>
                <li><a href="#">留言反馈<span id="en"> Guset book</span></a></li>
                <li><a href="#">联系我们<span id="en"> Contact us</span></a></li>
            </ul>
        </div>
        <div id="right">
            <div id="r1">
                <div id="r2">
                    <div id="r3"></div>
                </div>
            </div>
        </div>
        <div id="footer">
            <span id="bq">版权所有&copy;新晨数码科技有限公司
            <br>地址：重庆市沙坪坝区新城东路 133 号            电话：023-89895656</span>
        </div>
    </div>
```

（3）美化页面。

利用 CSS 规则，完成对页面的美化布局，效果如图 7-39 所示。

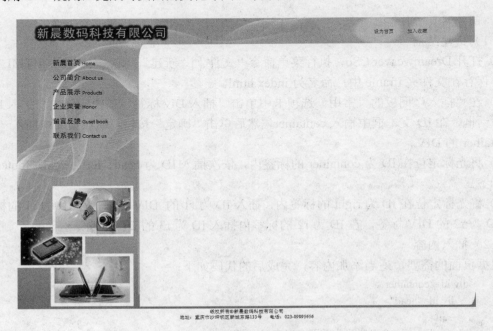

图 7-39 公司页面

CSS 规则代码如下：

```css
body{
        margin: 0px;
        padding: 0px;
}
#container {
        margin: 0 auto;
        height: 750px;
        width: 1024px;
}
#head {
        background-image: url(images/top_s1.jpg);
        height: 62px;
}
#head ul {
        height: 56px;
        width: 240px;
        margin-right: 0px;
        padding-top: 30px;
        margin-left: auto;
}
#head ul li {
        float: left;
        list-style-type: none;
        margin: 0px 15px;
}
#head ul li a {
        font-size: 12px;
        color: #333;
        text-decoration: none;
}
#left {
        float: left;
        height: 623px;
        width: 270px;
        background-image: url(images/left_s1.jpg)
 no-repeat;
}
#right {
        width: 754px;
        height: 623px;
        float: right;
        overflow: visible;
}
#footer {
        background-image: url(images/bottom_s1.jpg) no-repeat;
        height: 65px;
        font-size: 12px;
        color: #333;
        text-align: center;
}
#left ul {
        width: 200px;
        margin-top: 30px;
        margin-left: 40px;
}
#left ul li {
        line-height: 34px;
        list-style-type: none;
}
#left ul li a {
        font-family: "黑体";
        font-size: 16px;
        color: #033711;
        text-decoration: none;
}
#left ul li a #en {
        font-family: Tahoma, Geneva, sans-serif;
        font-size: 12px;
}
#r1 {
        background-image:
url(images/right_bott_s1.jpg) no-repeat bottom;
        height: 623px;
}
#r2 {
        background-image:
url(images/right_mid_s1.jpg) repeat-y;
}
#r3 {
        background-image:
url(images/right_top_s1.jpg) no-repeat top;
        padding-top:30px;
        height: 560px;
}
```

2．插入 iframe 框架

（1）打开前面创建的 iframe 文件夹里的 index.html 页面，将光标定位在要插入 iframe 框架的 ID 为 r3 的 DIV 标签内。

（2）单击文件栏的"拆分"按钮 拆分，切换到拆分视图，可以看到代码部分已经跳转到相应的位置，如图 7-40 所示。

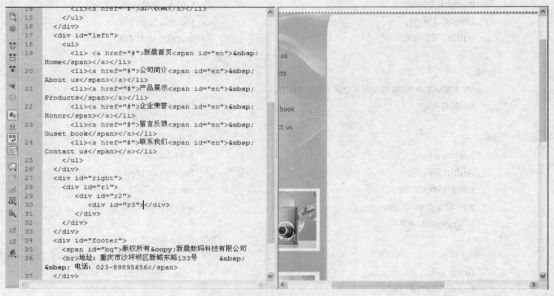

图 7-40　切换到拆分视图

（3）在<div id="r3">和</div>标签内，单击插入栏"常用"选项卡中的"标签选择器"按钮，弹出"标签选择器"对话框，选择"标记语言标签"|"HTML 标签"|"页面元素"选项，再选择右侧列表框中的 iframe 选项，如图 7-41 所示。

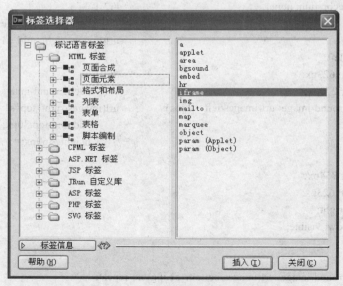

图 7-41　"标签选择器"对话框

（4）然后单击"插入"按钮，弹出"标签编辑器-iframe"对话框，如图 7-42 所示。其中各选项的作用如下：

- 源：指定在 iframe 框架中显示的网页。
- 名称：设置 iframe 框架的名称。
- 宽度/高度：设置 iframe 框架的宽度和高度。
- 边距宽度/高度：指定框架中水平/垂直方向上的内容与边框的距离。
- 滚动：设置框架中是否显示滚动条。
- 显示边框：设置 iframe 框架是否显示边框。
- 对齐：指定页面中各框架的对齐方式。

图 7-42 "标签编辑器-iframe"对话框

（5）设置完成后，单击"确定"按钮。代码如下：

```
<iframe name="main" src="home.html" marginwidth="0" marginheight="0" frameborder="0" scrolling="no" width="750" height="580"></iframe>
```

（6）切换回设计视图，可以看到"guestbook.html"页面并未直接显示，页面中只显示了灰色的矩形，这说明 iframe 框架已经嵌入到页面中，如图 7-43 所示。

图 7-43 iframe 框架的显示

（7）为导航按钮添加链接。选择页面编辑窗口中的"新晨首页"文字，在"属性"面板中，设置"链接"文件为 home.html，并将"目标"设置为 main。因为 iframe 的 name 为 main。

（8）继续为其他导航文字设置链接。选择页面编辑窗口中的"留言反馈"文字，在"属性"面板中，设置"链接"文本框中的文件为 guestbook.html，并一定将"目标"设置为 main，如图 7-44 所示，这样才能确保链接的页面会在 iframe 框架中打开。

图 7-44　设置链接目标

（9）选择"联系我们"文字，在"属性"面板中，设置"链接"文件为 contact.html 页面，同样，在"目标"文本框中选择 main。

（10）至此，iframe 框架设置完成。按下 F12 键预览网页。当单击"留言反馈"导航按钮时，打开的是 guestbook.html 页面，如图 7-45 所示，在单击"联系我们"导航按钮时，iframe 框架中会切换到 contact.html 页面，如图 7-46 所示。

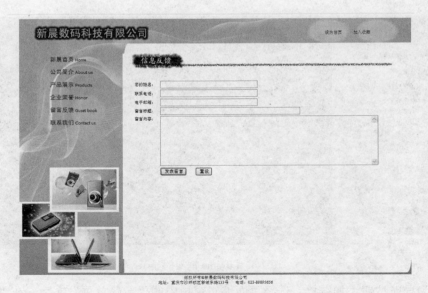

图 7-45　预览页面 1

图 7-46　预览页面 2

思考练习

一、填空题

1、一个包含 4 个框架的框架集实际保存时存在_____个文件。
2、按_____快捷键可以打开框架面板。
3、选择文件菜单下面的_____命令，可以保存所有框架集文件和框架文件。
4、嵌入式框架的标签是_____。

二、简答题

1、拆分框架的方法有哪几种？
2、如何保存框架？
3、如何为链接对象设置目标框架？
4、如何删除不需要的框架？
5、如何创建 iframe 框架？

拓展训练

为了让读者进一步掌握在 Dreamweaver CS6 中对框架的操作方法和技巧，提供如图 7-47、图 7-48 所示的案例效果图，请读者在自己完成制作的过程中认真领会其中的知识。

图 7-47   拓展练习页面 1

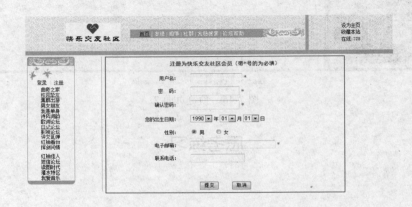

图 7-48   拓展练习页面 2

步骤提示：

（1）创建一个"上方及左侧嵌套"的框架结构。

（2）为各个框架添加对应的网页，并设置框架属性。

（3）设置框架集的属性，使网页都能正常显示。

（4）设置链接页面及链接目标。

（5）保存全部内容。

项目八　静里有动－行为与表单

【问题引入】

在网上经常会遇到一些动态的效果或内容，如在网上单击某处时会弹出提示信息，在打开网页时却同时弹出一些游戏网页，这是如何实现的呢？再如，网上购物或想在论坛上发帖，都要求要先登录，没有帐号的要先注册。不管是登录、注册还是发帖，我们都要在网页上输入一些相关信息，那么这些输入内容的文本框、提交信息的按钮或选择用的单选按钮、复选框或列表等是如何放置到网页上的，它们是属于什么元素呢？

【解决方法】

上述段落中前面的简单动态效果可以用 Dreamweaver 中内置的行为来制作实现，后面的在网上输入信息的是用表单来实现的，把所有要输入要提交的信息放置在表单域中，然后一起提交给服务器。

【学习任务】

- 认识行为
- 应用行为
- 认识表单
- 制作表单

【学习目标】

- 了解行为的相关概念
- 熟悉常用行为的使用
- 了解表单中的各表单项
- 掌握表单的创建方法

8.1　任务 1：认识行为

任务目标：了解什么是行为以及与行为相关的一些概念，了解事件的类型，熟悉行为面板。

行为就是网页中进行的一系列动作，通过这些动作可以实现访问者与页面间的交互，产生一些特殊效果，例如更改网页的某些属性，启动某些任务等。在 Dreamweaver CS6 中行为是 JavaScript 在 Dreamweaver 中内置的程序库，供编辑者直接调用。除了内置的行为外，用户自己也可以用 JavaScript 编写行为，还可以从 Adobe 公司和其他第三方的开发网站下载。

8.1.1　行为相关概念

行为由事件与该事件触发的动作组成。与行为相关的有三个重要的部分：对象、事件与动作。

1. 对象

对象是产生行为的主体，很多网页元素都可以成为产生行为的对象，如文字、图片、多媒体等，甚至是整个页面。

2. 事件

事件是触发动态效果的原因，它可以被附加到各种页面元素上，也可以被附加到 HTML标记中。例如，在加载某页面时弹出"是否把此页设为主页"的提示框，此处加载页面（onLoad）即为一个事件。不同浏览器支持的事件与各类的多少是不一样的，通常高版本的浏览器支持更多的事件。表 8-1 列出了 Dreamweaver 中的一些主要事件。

表 8-1　Dreamweaver 事件

事件类型	事件名称	事件功能描述
鼠标事件	onClick	单击选定元素，将触发该事件
	onDblClick	双击选定元素，将触发该事件
	onMouseDown	按下鼠标按键（不释放）时将触发该事件
	onMouseMove	当鼠标指针停留在对象边界内时触发该事件
	onMouseOu	当鼠标指针离开对象边界时触发该事件
	onMouseOve	当鼠标指针首次移动指向特定对象时触发该事件
	onMouseUp	当按下的鼠标按键被释放时触发该事件
键盘事件	onKeyPress	当按下并释放任意键时触发该事件
	onKeyDown	当按下任意键时触发该事件
	onKeyUp	当按下键后释放该键时触发该事件
表单事件	onChange	改变页面中数值时将触发该事件
	onFocus	当指定元素成为焦点时将触发该事件
	onBlur	当特定元素停止作为用户交互的焦点时触发该事件
	onSelect	在文本区域选定文本时触发该事件
	onSubmit	确认表单时触发该事件
	onReset	当表单被复位到其默认值时触发该事件
页面事件	onLoad	当图片或页面完成装载后触发该事件
	onUnLoad	当离开页面时触发该事件
	onError	当图片或页面发生装载错误时触发该事件
	onMove	移动窗口或框架时触发该事件
	onResize	当用户调整浏览器窗口或框架尺寸时触发该事件
	onScroll	当用户上、下滚动窗口或框架时触发该事件

3. 动作

动作是一段 JavaScript 代码，是最终要完成的动态效果，例如弹出窗口、打开浏览器窗口、显示隐藏层等。

这三者的关系为，当一个行为附加给某个对象元素之后，每当该元素的这个事件发生时，行为即会调用与这一事件关联的动作（JavaScript）。

8.1.2 "行为"面板

在 Dreamweaver CS6 中，执行"窗口"｜"行为"命令即可打开"行为"面板，如图 8-1 所示，其界面各选项按钮介绍如下：

- 🔲：显示设置事件，显示附加到当前文档中的事件。
- 🔲：显示所有事件，显示所有可用的事件。
- ➕：添加行为。单击该按钮可打开如图 8-2 所示的添加行为菜单。
- ➖：删除行为。
- 🔺 🔻：移动事件顺序。

图 8-1 "行为"面板

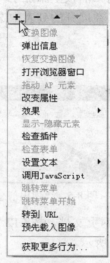

图 8-2 行为菜单

8.2 任务 2：应用行为

任务目标：了解行为菜单中的行为，掌握应用行为的步骤，能够熟练使用一些常用的行为。

一般应用行为分为三个步骤：选择对象元素、添加动作、调整事件。应用行为，首先要选择要添加行为的网页元素。如果不选择，系统会认为是整个网页文档，然后单击"行为"面板中的➕按钮，在弹出的行为菜单中选择要使用的行为，最后回到"行为"面板调整触发此行为的事件。

8.2.1 应用弹出信息行为

使用"弹出信息"行为将显示 JavaScript 警告和一个"确定"按钮。

【**实例**】弹出信息行为。

（1）在 Dreamweaver 中打开项目六制作的茶叶公司网页。

（2）选中头部的 LOGO 图像，如图 8-3 所示，在"行为"面板中单击"添加行为"按钮➕，在弹出的菜单中选择"弹出信息"命令，如图 8-4 所示。

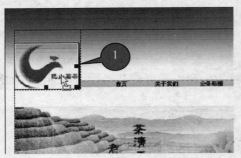

图 8-3　选择 LOGO

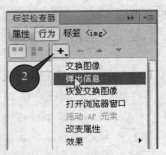

图 8-4　选择"弹出信息"行为

（3）在打开的"弹出信息"对话框中输入信息内容，如图 8-5 所示，单击"确定"按钮。

（4）"行为"面板上添加了一个弹出信息行为，默认的事件为 onClick，单击"行为"面板的事件列表，在展开的列表中选择 onMouseOver，如图 8-6 所示。

图 8-5　"弹出信息"对话框

图 8-6　调整事件

（5）保存网页文档，按 F12 键预览网页，当单击页面头部的 LOGO 图像时，弹出提示对话框，如图 8-7 所示。

图 8-7　"弹出信息"预览效果

8.2.2　打开浏览器窗口行为

网站中经常会需要通过弹出小窗口的方式，发布重要通知或广告信息等。打开浏览器窗口行为就是来完成此类操作的。

【实例】打开浏览器窗口。

（1）打开 Dreamweaver CS6 制作弹出的窗口广告。直接在设计视图中输入文本，如图 8-8 所示。

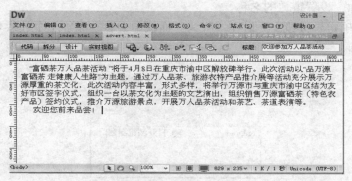

图 8-8　制作窗口广告

说明：弹出的窗口广告，不用像正式网页做得复杂，可以只是用来发布通知的文本或文本混合图片的广告。

（2）执行"文件"｜"保存"命令，把该文档保存为 advert.html。

（3）在 Dreamweaver 中打开项目六制作的茶叶公司网页，在状态栏中选中<body>标签，即选中整个页面，然后单击"行为"面板 的 + 按钮，在弹出的菜单中选择"打开浏览器窗口"命令，如图 8-9 所示，弹出"打开浏览器"对话框。

图 8-9　添加"打开浏览器窗口"行为

（4）按如图 8-10 所示设置参数。

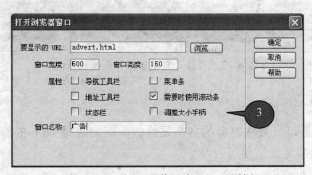

图 8-10　"打开浏览器窗口"对话框

● 要显示的 URL：设置要显示的窗口广告文档路径，可以单击"浏览"按钮进行选择。

- 窗口宽度与高度：设置弹出的广告窗口的大小。
- 属性：设置广告窗口的属性，广告窗口一般用来发布一些公告信息，因此在设置广告窗口的参数时不必为该窗口页面勾选导航工具栏、菜单条等复选框，一般只需勾选“需要时使用滚动条”复选框即可。
- 窗口名称：设置窗口的名称。

（5）单击“确定”按钮。此时在“行为”面板中会自动添加一个加载页面的 onLoad 事件，如图 8-11 所示。

标签检查器
属性
行为
标签 <body>
onLoad
打开浏览器窗口

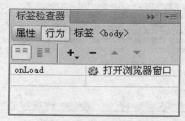

图 8-11　onLoad 事件

（6）保存网页文档，在浏览器中预览。

（7）在 IE 浏览器中预览，在浏览器顶部可能会出现如图 8-12 所示的阻止信息。单击此信息，在弹出的菜单中选择“允许阻止的内容”即可正常显示出广告窗口，如图 8-13 所示。

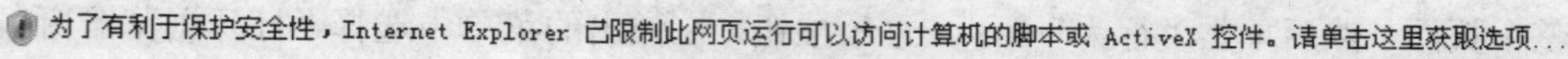

为了有利于保护安全性，Internet Explorer 已限制此网页运行可以访问计算机的脚本或 ActiveX 控件。请单击这里获取选项...

图 8-12　阻止信息

欢迎参加万人品茶活动 - Windows Internet Explorer
四川省十大名茶之一

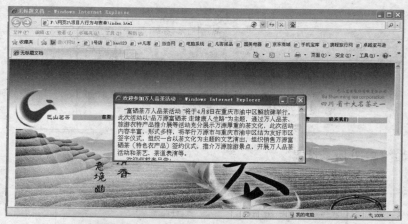

图 8-13　“打开浏览器窗口”预览效果

8.2.3　改变属性行为

“改变属性”行为可以改变对象的某个属性值，例如改变 DIV 的背景颜色，表格的背景颜色，或改变 DIV 的字体、字号等。

【实例】改变属性行为。

（1）打开 Dreamweaver CS6，新建一个 HTML 文档。在文档中插入一个 ID 为 pro 的 DIV 标签，在其中输入文本内容。

（2）创建 ID 为 por 的 CSS 规则，设置此 DIV 容器高为 300px，宽为 300px，边框样式为 solid，1px，如图 8-14 所示。

"改变属性"行为可以改变对象的某个属性值，例如改变DIV的背景颜色，表格的背景颜色，或改变DIV的字体、字号等。

图 8-14　pro DIV 外观

（3）选择 DIV，然后单击"行为"面板的 ➕ 按钮，在弹出的菜单中选择"改变属性"命令，如图 8-15 所示，弹出"改变属性"对话框，按如图 8-16 所示设置参数。改变 pro DIV 的 borderWidth 的属性值为 10。

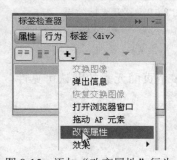

图 8-15　添加"改变属性"行为　　　　　　图 8-16　"改变属性"对话框

图 8-16 所示的"改变属性"对话框中各选项介绍如下：

● 元素类型：选择所选对象的类型。
● 元素 ID：选择元素的 ID。
● 属性：通过选择或输入要改变的属性名。
● 新的值：给要改变的属性设置新的属性值。

（4）单击"确定"按钮，"行为"面板上添加一个"改变属性"行为，默认的事件为 onLoad。单击"事件"下拉列表，选择 onMouseOver 事件，如图 8-17 所示。

图 8-17　onMouseOver 事件

（5）用同样的方法再给 DIV 容器添加一个改变属性行为，改变 borderWidth 的属性为 1px。

（6）在"行为"面板调整事件为 onMouseOut。

（7）保存文档，在浏览器中进行预览。效果为，把光标移到 DIV 上，DIV 边框变为 10px，如图 8-18 所示，把光标移开，DIV 边框变为 1px，如图 8-19 所示。

图 8-18　光标放置在 DIV 上效果

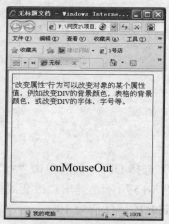

图 8-19　移开光标效果

8.2.4　显示隐藏行为

"显示-隐藏元素"行为可以显示、隐藏或者恢复一个或多个页面元素的默认可见性。主要用于在用户与页面进行交互时显示信息。

【实例】显示隐藏行为。

1. 创建页面

（1）启动 Dreamweaver，新建一个 HTML 文档。

（2）执行"插入"｜"布局对象"｜AP DIV 命令，插入一个 AP DIV，光标放置在 AP DIV 内部，插入图像 1.jpg。

（3）重复步骤（2），再插入两个 AP DIV，并且在其内部分别插入图像 2.jpg 和 3.jpg。

（4）调整三个 AP DIV 到同一个位置互相重叠在一起。

说明：AP DIV 即定位为 absolute 的 DIV 标签。可以通过设置其 absolute 定位的位置值相同来达到使其重叠在一起的效果。通过设置 Z-Index 属性来控制层叠顺序，值越大越在上面。具体代码如下所示：

```
<style type="text/css">              #apDiv1 {
div{                                     z-index: 1; }
    position:absolute;               #apDiv2 {
    width:200px;                         z-index: 2; }
    height:115px;                    #apDiv3 {
    left:261px;                          z-index: 3; }
    top:20px;                        </style>
}
```

（5）插入一个 3 行 1 列，宽度为 150px 的表格，在这 3 个单元格中分别插入图片 1.jpg、2.jpg、3.jpg，在约束宽高比例的基础上修改其宽度为 100px，最终效果如图 8-20 所示。

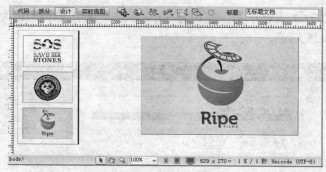

图 8-20　页面最终效果

现在要通过添加显示隐藏行为实现效果：将光标移到表格的第一幅图 1.jpg 上，右边显示 AP DIV1，即显示 1.jpg，将光标移到表格的第二幅图 2.jpg 上，右边显示 AP DIV2，即显示 2.jpg，将光标移到表格的第三幅图 3.jpg 上，右边显示 AP DIV3，即显示 3.jpg。

2. 添加显示隐藏行为

（1）选择表格中的第一幅图片 1.jpg，然后单击"行为"面板 的 + 按钮，在弹出的菜单中选择"显示-隐藏元素"命令，如图 8-21 所示，弹出"显示-隐藏元素"对话框，如图 8-22 所示。

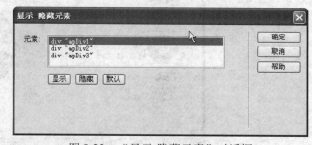

图 8-21　添加"显示-隐藏元素"行为　　　　图 8-22　"显示-隐藏元素"对话框

（2）在"元素"中选择 div apDiv1，单击"显示"按钮；选择 div apDiv2，单击"隐藏"按钮；选择 div apDiv3，单击"隐藏"按钮，设置完成后如图 8-23 所示，单击"确定"按钮。

（3）在"行为"面板修改事件为 onMouseOver，即当光标移到表格中 1.jpg 上时，div apDiv1 显示，div apDiv2 与 div apDiv3 均隐藏。

（4）选择表格中的第二幅图片 2.jpg，使用相同的方法添加"显示-隐藏"行为，在"显示-隐藏元素"对话框中要设置 div apDiv2 显示，div apDiv1 和 div apDiv3 隐藏，如图 8-24 所示。

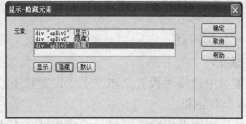
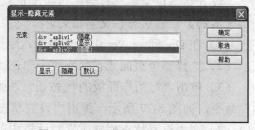

图 8-23　显示第一幅图片设置效果　　　　图 8-24　显示第二幅图片设置效果

ाााााााााा

（5）用相同的方法为表格中第三幅图片 3.jpg 添加"显示-隐藏"行为，"显示-隐藏元素"对话框中设置如图 8-25 所示。

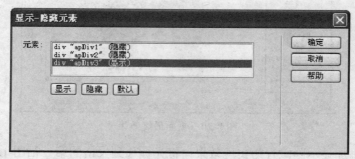

图 8-25　显示第三幅图片设置效果

（6）保存文档，在浏览器中预览效果如图 8-26 所示。

图 8-26　"显示-隐藏"行为预览效果

8.2.5　设置文本行为

设置文本行为可以改变某个对象的文本内容。设置文本行为分为 4 种类型：设置状态栏文本、设置容器文本、设置文本域文本和设置框架文本。

以设置状态栏文本为例进行讲解。

"设置状态栏文本"行为：可在浏览器窗口左下角处的状态栏中显示文本信息。

【实例】设置状态栏文本行为。

（1）在 Dreamweaver 中打开项目六制作的茶叶公司网页。

（2）选择整个页面或在状态栏中单击<body>标签。

（3）单击"行为"面板的 + 按钮，在弹出的菜单中选择"设置文本"｜"设置状态栏文本"命令，如图 8-27 所示，弹出"设置状态栏文本"对话框。

（4）在"设置状态栏文本"对话框中的"消息"文本框中输入要显示的状态栏文本"欢

迎品尝巴山茗茶！"，如图 8-28 所示，然后单击"确定"按钮。

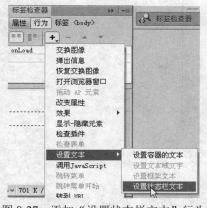

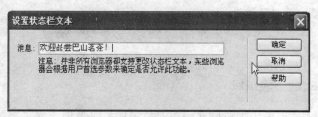

图 8-27　添加"设置状态栏文本"行为　　　　　　　图 8-28　设置状态栏显示文本

（5）保存网页，在浏览器中预览效果如图 8-29 所示。

图 8-29　"设置状态栏文本"预览效果

8.3　任务 3：认识表单

任务目标：了解什么是表单、表单的作用以及表单的组成，掌握表单对象的类型、功能与添加方法，熟悉各表单对象的属性。

表单是浏览网页的用户与网站管理者进行交互的桥梁，Web 管理者和用户之间可以通过表单进行信息交流。

表单主要负责数据采集的功能，它可以收集用户的信息并将其存储在服务器中。表单中包含文本字段、密码字段、单选按钮、复选框、弹出菜单、文本域、可单击的按钮和其他表单对象。当访问者在浏览器中的表单内输入信息并单击"提交"按钮时，这些信息会被发送到服务器，服务器中的脚本或程序会对这些信息进行处理，以此进行响应。

表单在网页中经常遇到，例如注册页面所输入的信息，邮箱登录时输入的用户名与密码，论坛中发帖子，上传文件或照片等都是使用表单完成的，如图 8-30 所示。

图 8-30　登录页面

8.3.1　表单域

表单由表单域和表单对象组成。表单域定义了表单的开始与结束，表单对象全部要放置在表单域内。每个表单都包含表单域和若干个表单对象，所有表单对象都要放在表单域中才会生效。

【实例】创建表单域。

（1）启动 Dreamweaver CS6，新建一个 HTML 文档。

（2）将光标定位在"设计"视图中，在"插入"面板的下拉列表中选择"表单"选项，在打开的"表单"选项中单击"表单"按钮，如图 8-31 所示。

（3）在"设计"视图中出现红色虚线矩形框，这就是表单域的轮廓指示线，如图 8-32 所示。

图 8-31　插入表单域

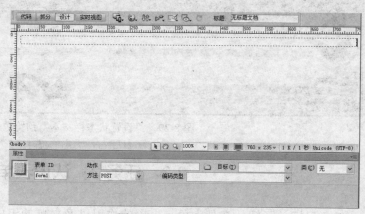

图 8-32　插入表单域效果

（4）在"设计"视图中选择表单。表单的属性如图 8-32"属性"面板所示。

- 表单 ID：标识表单的唯一名称。当命名表单后，就可以使用脚本语言引用或控制该表单。
- 动作：输入路径或单击文件夹指定处理表单数据的页面或脚本。
- 方法：指定数据传输到服务器的方法。方法有：默认、POST 和 GET。
  - ➢ "默认"是指使用浏览器的默认设置将表单数据发送到服务器；
  - ➢ POST 是指将表单数据嵌入到 HTTP 请求中；
  - ➢ GET 是指将表单值添加到 URL，即添加到地址栏后，并向服务器发送 GET 请求，由于 URL 长度有限制，因此不要使用 GET 方法发送长表单。

● 编码类型：提交给服务器进行数据处理时所使用的编码类型。application/x-www-form-urlencode 选项通常与 POST 方法一起使用，multipart/form data 选项在创建文件上传域中使用。

● 目标：返回数据的窗口打开方式。

  ➢ _blank/new：在一个新窗口中打开目标文档。

  ➢ _parent：在包含这个链接的父框架窗口中打开目标文档。

  ➢ _self：在包含这个链接的框架窗口中打开目标文档。

  ➢ _top：在整个浏览器窗口中打开目标文档。

8.3.2 表单对象

表单对象有：文本字段、隐藏域、文本区域、复选框、单选按钮、列表/菜单、跳转菜单、图像域、文件域、按钮等，如图 8-31 所示。

（1）文本字段与文本区域：最常见的表单对象，可以接受任何文本、字母或数字。文本可以是单行、多行，也可以按密码方式显示。当以密码方式显示时，输入文本被替换成星号或项目符号。例如输入用户名和密码。

（2）隐藏域：隐藏域是一个特殊的表单对象，用来收集或发送信息的不可见元素，对于网页的访问者来说，隐藏域是看不见的。当表单被提交时，隐藏域就会将信息用设置时定义的名称和值发送到服务器上。

（3）复选框：允许在一组选项中选择多个选项。例如爱好与兴趣，可以有多个，如图 8-33 所示。

（4）单选按钮：在一组选项中只能选择一项。例如性别，是男还是女，只能选一个，如图 8-34 所示。

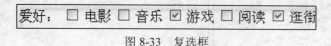

图 8-33 复选框　　　　　　　　　　　　　　　图 8-34 单选按钮

（5）列表/菜单："列表"选项是在一个滚动列表中显示选项值，用户可以从该滚动列表中选择一个或多个选项，例如你喜欢的城市，如图 8-35 所示；"菜单"选项在一个下拉列表中显示出所有的选项值，用户只能从中选择单个选项，如图 8-36 所示。

（6）跳转菜单：可导航的列表或下拉列表，其中的每个选项都是一个链接，可以链接到指定的页面，如图 8-37 所示。

图 8-35 列表　　　　　　　图 8-36 菜单　　　　　　　图 8-37 跳转菜单

（7）图像域：可以在表单中插入一幅图像来做成图像化按钮，代替普通按钮。

（8）文件域：实现网页中上传文件的功能，如图 8-38 所示。

（9）按钮：用于控制表单的操作。一般情况下，表单中有 3 种按钮："提交"、"重置"和普通按钮。"提交"按钮用于将表单数据提交给服务器指定的处理程序中进行处理，"重置"按钮将表单内容重置，还原到初始状态，如图 8-39 所示。

图 8-38   文件域

图 8-39   按钮

8.4   任务 4：表单使用——制作新用户注册页面

任务目标：通过制作一个新用户注册页面的整体实例来练习表单的制作方法，并从中了解各表单对象的属性以及一些注意事项。

8.4.1   案例效果展示与分析

本案例使用表单制作一个新用户注册页面，将采用 DIV+CSS 布局网页。

【效果展示】本案例最终效果如图 8-40 所示。

【分析】从效果图上看，此页面从上往下分为三部分，顶部的图片，中间的注册内容，底部的版权声明。顶部的图片可用背景图方式表现，因此页面的内容就是注册内容与版尾的版权声明。通过观察分析，并在图像软件中进行测量得出该页面的布局图如图 8-41 所示。

图 8-40   案例最终效果

图 8-41   案例布局图

8.4.2　搭建框架

注册内容用表单实现，版权声明用段落实现。具体制作步骤如下：

（1）启动 Dreamweaver CS6，新建一个 HTML 文档，保存为 index.html。

（2）将光标定位在"设计"视图中，在"插入"面板的"常用"选项卡中单击"插入 Div 标签"按钮，弹出"插入 Div 标签"对话框，在 ID 文本框中输入 container，如图 8-42 所示，然后单击"确定"按钮，即在页面中插入一个 ID 为 container 的 DIV。

图 8-42　插入 container 容器

（3）在代码视图中，将光标定位在 container 容器<div id="container"></div>内部，用同样的方法插入一个 ID 为 content 的 DIV。

（4）在代码视图中，将光标定位在 content 容器<div id="content"></div>后面，插入一个 ID 为 footer 的 DIV。

删除 DIV 容器中自动产生的文字。

结构搭建完毕，具体代码如下所示：

```
<body>
<div id="container">
    <div id="content"></div>
    <div id="footer"></div>
</div>
</body>
```

8.4.3　添加内容

1.　表单内容

注册内容用表单实现，表单内容用表格来放置，具体步骤如下：

（1）将光标定位在 content 容器内部，在"插入"面板的"表单"选项卡中单击"表单"按钮，在"设计"视图中插入一个表单域，删除插入 DIV 时自动生成的文字。

（2）将光标定位在表单内部，输入文本"新用户注册"。选择该文本，在"属性"面板中的 HTML 选项卡的"格式"下拉列表中选择"标题 2"，如图 8-43 所示。

（3）将光标定位在"新用户注册"后，在"插入"面板的"常用"选项卡中单击"表格"按钮，弹出"表格"对话框。按如图 8-44 所示设置参数，单击"确定"按钮，在表单中插入 12*2 的表格。

（4）选中表格的第一行，在"属性"面板单击▥按钮，合并单元格。用同样的方法合并最后一行单元格。

（5）将光标定位在表格第一行中，输入文本"打*号的为必填项"。

（6）在表格的第一列单元格中按如图 8-45 所示输入文本。

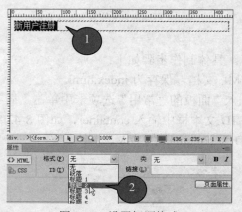

图 8-43 设置标题格式

图 8-44 "表格"对话框

新用户注册

打*号的为必填项
用户名：
密码：
重复密码：
性别：
兴趣爱好：
学历：
联系电话：
备注：
上传照片：
友情链接：

图 8-45 表格文本

（7）将光标定位在"用户名："后面的单元格中，在"插入"面板的"表单"选项卡中单击"文本字段"按钮，弹出"输入标签辅助功能属性"对话框，如图 8-46 所示。

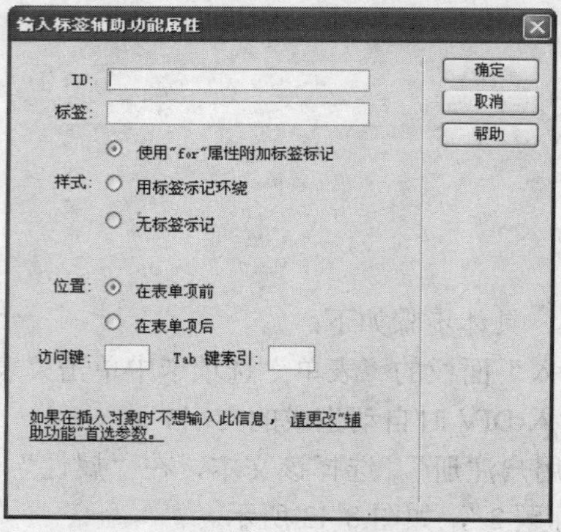

ID：用以给表单对象创建一个唯一的编号，方便
　　　使用 CSS 或 JavaScript 调用。

标签：表单对象的说明文字，一般会附在表单对
　　　象周围。

样式：标签在表单对象周围的样子。一般使用第
　　　一项"使用"for"属性附加标签标记"

位置：标签放置的位置。

访问键：按下键盘上的此键即可访问表单对象。

Tab 键索引：用 Tab 键进行选择。

图 8-46 "输入标签辅助功能属性"对话框

（8）在 ID 文本框中输入 user，标签不填，因为在前一个单元格中已经输入。单击"确定"按钮，即在单元格中插入一个"文本字段"。在"文本字段"后输入"（6～20 个字符）"，如图 8-47 所示。

图 8-47 插入"文本字段"效果

（9）选择"文本字段"，其"属性"面板如图 8-48 所示。

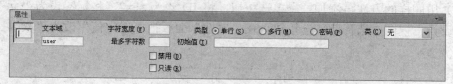

图 8-48　"文本字体"属性

- 文本域：文本字段 ID。
- 字符宽度：文本字段所能显示的最大字符数。
- 最多字符数：在文本字段中能输入的最多字符数。
- 禁用：文本字段不可用；只读：只能读取不能输入。
- 类型：分为单行、多行与密码。
  - ➤ 单行：文本字体只显示一行；
  - ➤ 多行：文字字段可以显示输入多行；
  - ➤ 密码：输入的字符以黑点或星号。
- 初始值：文本字段中原始显示的值，在浏览器中初次预览时显示的值。
- 类：文本字段使用的样式。

在"属性"面板中设置"最多字符数"为 20。

（10）用同样的方法在"密码："、"重复密码："、"联系电话："后的单元格中插入"文本字段"表单对象。其 ID 值分别设为 password、password_repeat、mobile。"密码："、"重复密码："后面的"文本字段"属性中的类型要选择"密码"。添加完毕后如图 8-49 所示。

图 8-49　"文本字体"添加完毕效果

（11）将光标定位在"性别："后面的单元格内，在"插入"面板的"表单"选项卡中单击"单选"按钮，弹出如图 8-46 所示的"输入标签辅助功能属性"对话框，将 ID 设为 sex1，将标签设为"男"，单击"确定"按钮，即在单元格中添加一个单选按钮。

（12）选择此单选按钮，显示"属性"面板如图 8-50 所示。在"属性"面板中，将"选定值"修改为"男"，将"初始状态"修改为"已勾选"。

图 8-50　"单选按钮"属性

- 单选按钮：给单选按钮命名。同一组的单选按钮的名称必须相同。
- 选定值：设置单选按钮被选中时的取值。当用户提交表单时，该值被传送给处理程序（如 CGI 脚本）。应赋给同组的每个单选按钮不同的值。
- 初始状态：指定首次载入表单时单选按钮是已选（Checked）还是未选（Unchecked）。

一组单选按钮中，只能有一个按钮的初始状态被设为选中。

（13）用同样的方法再添加一个单选按钮，将 ID 设为 sex2，将标签设为"女"。添加完毕后在"设计"视图中选择此单选按钮，在"属性"面板把"选定值"改为"女"。最后效果如图 8-51 所示。

图 8-51　"单选按钮"效果

此效果也可以用"单选按钮组"表单对象来实现。

（14）将光标定位在"兴趣爱好："后面的单元格中，在"插入"面板的"表单"选项卡中单击"复选框"按钮，弹出如图 8-46 所示的"输入标签辅助功能属性"对话框，将 ID 设置为 love1，将标签设置为"电影"，单击"确定"按钮即在单元格内插入一个复选框。

（15）选择此复选框，在"属性"面板中，将"复选框名称"修改为 love，将"选定值"修改为"电影"，如图 8-52 所示。

图 8-52　修改"选定值"

复选框与单选按钮的属性一样。在这里就不再赘述了。

提示：与单选按钮一样，同一组复选框的名称要相同。选定值一定要填上，提交表单时，提交给服务器的是选定值。一般选定值与标签设为一致，单选按钮也一样。

（16）用同样的方法再插入复选框"音乐"、"游戏"、"阅读"、"逛街"。ID 分别设为 love2～love5，所有复选框的名称都修改为"love"，选定值分别修改为对应的"音乐"、"游戏"、"阅读"、"逛街"。全部插入完毕如图 8-53 所示。

兴趣爱好：　□ 电影 □ 音乐 □ 游戏 □ 阅读 □ 逛街

图 8-53　"复选框"插入完毕效果

说明：这个效果也可以用"复选框组"表单对象来实现，只是用"复选框组"，其复选框名称自动就是相同，不用修改。

（17）将光标定位在"学历："后面的单元格中，在"插入"面板的"表单"选项卡中单击"列表/菜单"按钮，弹出如图 8-46 所示的"输入标签辅助功能属性"对话框，将 ID 设置为 menu，单击"确定"按钮即在单元格内插入一个"列表/菜单"，此时里面还没有值。

（18）选择此"列表/菜单"，显示"属性"面板如图 8-54 所示。

图 8-54　"列表/菜单"属性

● 选择："列表/菜单"的名称。

- 类型：选择是菜单还是列表。
- 列表值：单击此按钮可以打开"列表值"对话框添加选项到列表或弹出菜单中。
- 初始化时选定：显示在"列表/菜单"中的值。

（19）单击"列表值"按钮打开"列表值"对话框，如图 8-55 所示。

（20）单击 ⊕ 按钮添加选项，在输入"项目标签"栏输入标签"初中"，在"值"栏输入"初中"，此处的"值"即为提交给服务器的值。

（21）用同样的方法，添加选项"高中"、"大专"、"本科"、"研究生"、"博士"，如图 8-56所示。单击"确定"按钮，效果如图 8-57 所示。

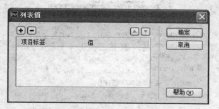

图 8-55 "列表值"对话框

图 8-56 "列表值"添加完毕

（22）将光标定位在"备注："后面的单元格中，在"插入"面板的"表单"选项卡中单击"文本区域"按钮，弹出如图 8-46 所示的"输入标签辅助功能属性"对话框，将 ID 设置为beizhu，单击"确定"按钮，即插入一个"文本域"表单对象，如图 8-58 所示。

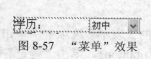

图 8-57 "菜单"效果

图 8-58 插入"文本域"对象

选择"文本区域"，在"属性"面板中设置其字符宽度为 30px。

"文本区域"与"文本字段"属性一样，只是"文本区域"类型为"多行"，"文本字段"类型为"单行"。

（23）将光标定位在"上传照片："后面的单元格中，在"插入"面板的"表单"选项卡中单击"文件域"按钮，弹出"输入标签辅助功能属性"对话框，将 ID 设置为 file，单击"确定"按钮插入"文件域"，如图 8-59 所示。

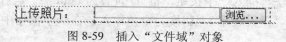

图 8-59 插入"文件域"对象

（24）选择此"文件域"，显示"属性"面板如图 8-60 所示。

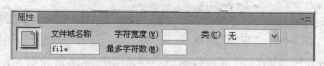

图 8-60 "文件域"属性

- 文件域名称：给文件域命名，必须唯一。
- 字符宽度：文件域最大显示的字符数，即设定文件域的宽度。
- 最多字符数：设置文件域可以输入的最大字符数。使用此项属性限制文件名长度。

（25）将光标定位在"友情链接："后面的单元格中，在"插入"面板的"表单"选项卡中单击"跳转菜单"按钮，弹出"插入跳转菜单"对话框，如图 8-61 所示。

（26）在"文本"文本框中输入"百度"，在"选择时，转到 URL"文本框中输入 http://www.baidu.com，单击 ⊞ 按钮添加菜单项，用同样的方法在"文本"文本框中输入"网易"，在"选择时，转到 URL"文本框中输入 http://www.163.com。以此类推，输入完毕如图 8-62 所示。

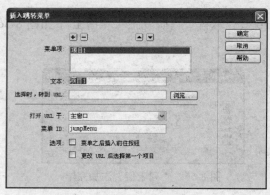

图 8-61　"插入跳转菜单"对话框　　　　图 8-62　"菜单项"设置完成

（27）单击"确定"按钮。在单元格中即添加了"跳转菜单"表单对象，如图 8-63 所示。

友情链接：　　　百度 ▼

图 8-63　"插入跳转菜单"效果

（28）将光标定位在最后一行的单元格中，在"插入"面板的"表单"选项卡中单击"按钮"按钮，弹出"输入标签辅助功能属性"对话框，将 ID 设置为 button1，单击"确定"按钮插入"按钮"。默认为"提交"按钮。

（29）单击该"按钮"，显示"属性"面板如图 8-64 所示。

- 按钮名称：给按钮命名，即 ID。
- 值：显示在按钮上的文本。
- 动作：确定按钮被单击时发生什么动作。有三个单选按钮供选择："提交表单"、"重设表单"和"无"，如果选"无"即当单击按钮时，提交和重置动作都不发生。

（30）用同样的方法再插入一个按钮，将 ID 设置为 button2。选择该按钮，在"属性"面板中将"动作"设置为"重设表单"。切换为全角输入，在两个按钮中间输入 4 个空格隔开，如图 8-65 所示。

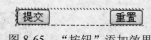

图 8-64　"按钮"属性　　　　　　　　　图 8-65　"按钮"添加效果

（31）在"用户名"、"密码"、"重复密码"、"性别"的表单对象后输入*，表示这几项是必填项。

（32）选择整个表单，在"插入"面板的"表单"选项卡中单击"字段集"按钮，弹出"字段集"对话框，标签内不输入内容，直接单击"确定"按钮。

2. 版尾内容

将光标定位在 footer 容器中，输入版尾信息"版权所有，违者必究"。

至此，所有内容添加完毕，效果如图 8-66 所示。

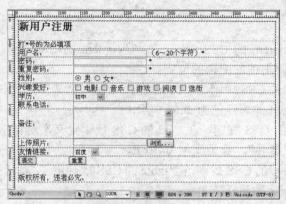

图 8-66　网页内容添加完毕效果

具体代码如下所示：

```
<body>
<div id="container">
  <div id="content">
    <form action="" method="post" enctype="multipart/form-data" name="form1" id="form1">
    <fieldset> <h2>新用户注册</h2>
        <table ...
    </fieldset> </form>
  </div>
  <div id="footer">版权所有，违者必究</div>
</div>
</body>
```

8.4.4　美化网页

从效果图中可以看出，网页的顶部有一副图像，在 CSS 中考虑用背景图实现；表单居中；表单头部的"新用户注册"有一浅灰色背景；"打*号的为必填项"文本居中显示，所有*号为红色；左侧单元格内的文本水平右对齐；表格内所有单元格有虚线、1px、浅灰色下边框；最后一行按钮居中显示；版尾信息居中显示，并有渐变背景。

1. 文档 CSS 初始化

（1）创建标签为"body"的 CSS 规则，在"body 的 CSS 定义规则"对话框中设置 Padding 与 Margin 为 0，文本字体大小 Font-size 为 12px。

（2）创建 ID 为 container 的 CSS 规则，在"#container 的 CSS 定义规则"对话框中设置其宽度为 683px，Margin-left 与 Margin-right 的属性值为 auto（网页居中），背景颜色为#F7FDF1，背景图像为 bg.jpg，不重复，水平左对齐，垂直顶对齐。

具体代码如下所示：

```
body {
    font-size: 12px;
    padding: 0px;
    margin: 0px;
}
```

```
#container {
    margi: 0 auto;
    width: 683px;
    background: #F7FDF1 url(images/bg.jpg) no-repeat left top; /*顶部图像*/
}
```

2．美化表单

（1）创建 ID 为 content 的 CSS 规则，在"#content 的 CSS 规则定义"对话框中设置其 Padding-top 为 150px。留出顶部图像的位置。

（2）创建标签 form 的 CSS 规则，在"form 的 CSS 规则定义"对话框中设置其宽度为 500px，Margin-left 与 Margin-right 的属性值为 auto（居中）。

（3）创建标签 h2 的 CSS 规则，在 "h2 的 CSS 规则定义"对话框中设置其高度为 50px，行高为 50px，字体为 "隶书"，背景颜色为#EEE。

（4）创建标签为 table 的 CSS 规则，在"table 的 CSS 规则定义"对话框中设置其宽为 450px，Margin-left 与 Margin-right 的属性值为 auto（居中）。

（5）创建标签为 td 的 CSS 规则，在"td 的 CSS 规则定义"对话框中设置其行高为 2.5em，下边框为虚线，1px，颜色为#CCC，Padding-left 为 10px。

（6）创建类名为 th1 的 CSS 规则，在 ".th1 的 CSS 规则定义"对话框中设置其 Text-align 为 right（文本右对齐），宽度为 150px。

（7）选择"用户名："至"友情链接："这一列单元格，在"属性"面板的"类"下拉列表中选择 th1，应用.th1 样式。

（8）创建类名为 tr1 的 CSS 规则，在 ".tr1 的 CSS 规则定义"对话框中设置其 Text-align 为 center（文本居中对齐）。

（9）选择表格的第一行与最后一行，在"属性"面板的"类"下拉列表中选择 tr1，应用.tr1 样式。

（10）创建类名为 star 的 CSS 规则，在 ".star 的 CSS 规则定义"对话框中设置其颜色为#F00。

（11）选中表单中的*，在"属性"面板的"类"下拉列表中选择 star，应用.star 样式。

至此，表单美化完毕，具体代码如下所示：

```
#content {
    padding-top: 150px;
}
form {
    width: 500px;
    margin: 0 auto;
}
h2 {
    font-family: "隶书";
    line-height: 50px;
    background-color: #EEE;
    height: 50px;
}
table {
    width: 450px;
    margin: 0 auto;
}
td {
    line-height: 2.5em;
    border-bottom: 1px dashed #CCC;
    padding-left: 10px;
}
.th1 {
    text-align: right;
    width: 150px;
}
.tr1 {
    text-align: center;
}
.star {
    color: #F00;
}
```

3．美化版尾

创建 ID 为 footer 的 CSS 规则，在"#footer 的 CSS 规则定义"对话框中设置其高度为60px，行高为 60px，文本居中对齐，背景图像为 footer_bg.jpg，水平重复，垂直底对齐，具体代码如下：

```
#footer {
        line-height: 60px;
        background: url(images/footer_bg.jpg) repeat-x bottom;
        text-align: center;
        height: 60px;
}
```

保存网页文档，在浏览器中预览效果如图 8-40 所示。

思考练习

一、选择题

1、下面关于列表/菜单的陈述中，（   ）是正确的？

A、列表和菜单都可以设置成多重选择

B、列表可以设置成多重选择，而菜单不能

C、菜单可以设置成多重选择，而列表不能

D、列表和菜单都不能设置成多重选择

2、一个对象的名字，由对象的（   ）属性决定。

A、Caption   B、Name   C、Value   D、Object

3、若要访问用户在文本框中所输入的文本，可通过访问（   ）属性来获得。

A、Text   B、Value   C、Caption   D、Name

4、下列事件中，最先被触发的是（   ）。

A、Load   B、Unload   C、Init   D、Destroy

5、下列对于事件的描述不正确的是（   ）。

A、事件是对象的一个动作

B、事件可以由用户的操作产生，也可以由系统产生

C、如果事件没有与之相关联的处理程序代码，则对象的事件不会发生

D、有些事件只能被个别对象所识别，而有些事件可以被大多数对象所识别

6、当用户在键盘上按下一个键时就会产生（   ）事件。

A、Click   B、MouseMove

C、DblClick   D、KeyPress

7、当用户按下并松开鼠标左键或在程序中包含一个触发该事件的代码时，将产生（   ）事件。

A、Load   B、Active   C、Click   D、Error

8、表单控件栏中，要保存多行文本，可以创建（   ）控件。

A、文本字段   B、文本区域

C、文件域   D、字段集

二、简答题

1、什么是行为？行为的使用方法？

2、什么是表单？列举常见的表单应用形式。

3、复选框与复选框组最重要的区别是什么？

拓展训练

为了让读者更好的掌握表单的制作，熟悉各表单控件，请按图 8-67 所示效果制作表单。

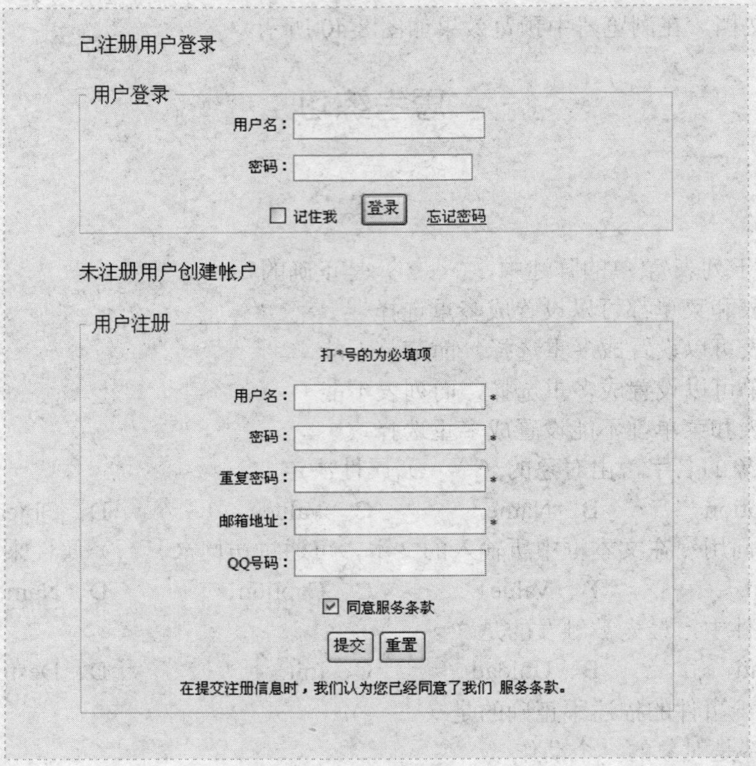

图 8-67 拓展练习页面效果

步骤提示：

（1）创建表单。

（2）按效果图所示在表单中添加表单控件。

（3）按效果图选择相应内容添加字段集。

（4）创建 CSS 规则美化表单。

项目九　一模多用－模板与库

【问题引入】

在浏览网站时会发现，网站下的很多页面布局相同，并且某一部分内容也是相同的，比如头部与版尾。如果每一个页面都制作一次，就会造成重复劳动，效率就会大大降低，有没有一种方式让相同的部分只做一次，减少重复劳动与提高效率？

【解决方法】

使用 Dreamweaver 提供的模板与库功能，可以把有相同布局结构的页面制作成模板，将相同的元素制作成库项目。其他页面直接基于此模板进行创建，或在其他页面中直接使用库，这样就可以解决重复劳动问题，相同的内容只制作一次，能够大大提高建站效率。

【学习任务】

- 认识模板
- 制作基于模板的网页
- 认识库
- 使用库

【学习目标】

- 理解模板与库的功能
- 掌握模板与库的制作方法
- 能够使用模板制作网页
- 能够使用库项目

9.1　任务 1：认识模板

任务目标：初步认识模板，了解模板是什么，模板的功能以及模板的组成，模板的创建方法。

9.1.1　模板概述

模板类似于日常生活中的生产产品的模子，通过模子可以快速生产大批量相同规格的产品。网页模板是一种特殊的文档，扩展名为.dwt，用于设计"固定的"页面布局，基于此模板创建的网页都继承该页面布局。通过模板创建的网页与该模板保持连接状态，除非用户对其分离，当修改模板时，基于此模板创建的网页都会随之改变。

模板由两部分组成：可编辑区域与不可编辑区域。不可编辑区域包含所有页面的共同元素，在基于此模板创建的网页中是不可编辑此部分内容的。可编辑区域是基于此模板创建的网页中唯一可以改变的地方。

默认情况下，新创建模板的所有区域都处于锁定状态，不可编辑，若要对基于此模板创建的网页进行修改，就必须在模板中创建可编辑区域。因此创建模板的过程就是制作不可编辑区域的内容以及指定和命名可编辑区域。

9.1.2　创建模板

模板的扩展名为.dwt，存放在站点根目录下的 Templates 文件夹中，该文件夹不用自己去创建，在保存模板时软件会自动生成。由于模板会自动放置在站点下，因此在创建模板之前首先要先创建站点。

1. 创建站点

（1）启动 Dreamweaver CS6，执行"站点" | "新建站点"命令，打开"站点设置对象"对话框，"站点名称"设为"模板"，设置好"本地站点文件夹"，如图 9-1 所示。

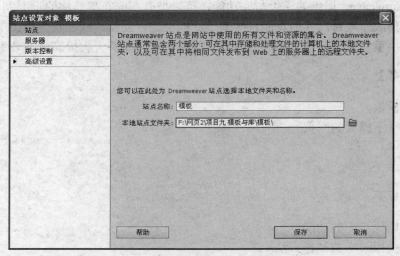

图 9-1　创建站点

（2）单击"保存"按钮，完成站点创建。

2. 创建模板

创建模板有两种方式：直接创建空白模板或将已有的网页另存为模板，然后进行相应的修改。

（1）创建空白模板。

1）启动 Dreamweaver CS6，执行"文件" | "新建"命令，打开"新建文档"对话框，选择"空模板" | "HTML 模板"，如图 9-2 所示。

2）单击"创建"按钮即可创建一个空白模板。

（2）已有网页另存为模板。

1）启动 Dreamweaver CS6，打开项目六制作的茶叶公司网页。

2）执行"文件" | "另存为模板"命令，打开"另存模板"对话框，如图 9-3 所示。

3）在"站点"下拉列表中选择站点名称"模板"，在"另存为"文本框中输入模板名称。

4）单击"保存"按钮弹出"要更新链接吗？"提示，如图 9-4 所示。单击"是"按钮即可保存模板。

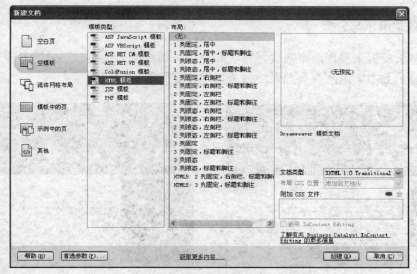

图 9-2　新建模板

图 9-3　"另存模板"对话框

图 9-4　更新链接

5）打开"文件"面板，即可看到在站点中生成了一个 Templates 文件夹，文件夹内就是刚保存的 moban.dwt 模板，如图 9-5 所示。

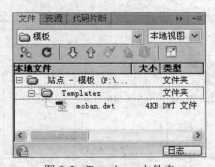

图 9-5　Templates 文件夹

9.2　任务 2：使用模板制作网站——"星语星愿"网站制作

任务目标：通过实战来制作模板，并基于此模板制作网页，以达到深刻理解模板的功能，并熟练掌握模板的制作以及基于模板创建网页的方法。

9.2.1 案例效果展示与分析

本案例基于模板来制作两个网页，首页和一个二级页面。页面布局采用 DIV+CSS。

【效果展示】本案例两个页面最终效果如图 9-6 和图 9-7 所示。

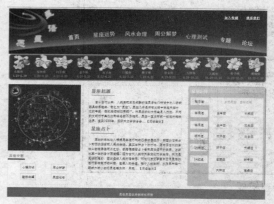

图 9-6　首页效果

图 9-7　二级页面效果

【分析】这是同一个网站下的两个网页，从效果图上对比会发现两个页面的布局相同，有部分内容也是完全相同的，有部分内容不同。那么在制作网页时，如果都单独制作会造成相同部分内容的重复劳动。因此我们把相同的部分制作成模板，不同的地方设置为可编辑区域，然后基于这个模板来创建网页，在可编辑区域添加不同的内容即可创建出不同的网页。

由效果图中可以看出，两个网页的布局从上往下分为四个部分，顶部的 LOGO 与 Banner、文字导航；第二部分的图片导航；第三部分的主体内容；底部的版权声明。第三部分主体内容又由左、中、右三部分组成，其布局如图 9-8 所示。

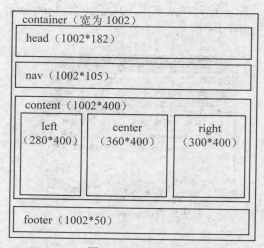

图 9-8　网页布局图

9.2.2　创建模板

从效果图中可以看出，两个网页的相同部分即模板如图 9-9 所示。

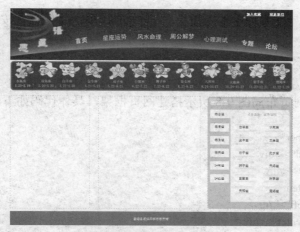

图 9-9 模板效果图

1. 创建站点

（1）启动 Dreamweaver CS6，执行"站点"｜"新建站点"命令，打开"站点设置对象"对话框，将"站点名称"设为"模板应用"，设置好"本地站点文件夹"，如图 9-10 所示。

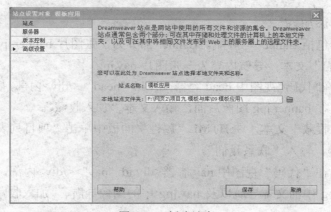

图 9-10 创建站点

（2）单击"保存"按钮，完成站点的创建。

2. 创建模板

（1）执行"文件"｜"新建"命令，打开"新建文档"对话框，选择"空模板"｜"HTML模板"，然后单击"创建"按钮创建空模板。

（2）执行"文件"｜"保存"命令，弹出如图 9-11 所示的提示框，单击"确定"按钮，弹出"另存模板"对话框，如图 9-12 所示。

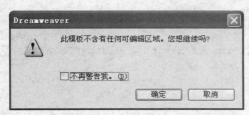

图 9-11 提示框

图 9-12 "另存模板"对话框

（3）在"另存为"文本框中输入模板名 moban1，单击"保存"按钮保存模板。

9.2.3　制作模板

1．框架搭建

在模板页中按照网页布局图 9-8 所示搭建网页框架，具体代码如下所示：

```
<body>
<div id="container">
  <div id="head"></div>
  <div id="nav"></div>
  <div id="content">
    <div id="left"></div>
    <div id="center"></div>
    <div id="right"></div>
  </div>
  <div id="footer"></div>
</div>
</body>
```

2．内容添加

（1）头部内容添加。

头部 head 内容包括 Banner 与导航。Banner 部分为一张图片 banner.jpg，其右上角有"加入收藏"、"联系我们"文本；导航内容为一张图片 nav.jpg。

1）将光标定位在"代码"视图中 head 容器<div id="head"></div>内部，插入图像 banner.jpg。

2）将光标定位在 banner.jpg 图像后面，输入文本"加入收藏"。

3）选择"加入收藏"文本，在 HTML "属性"面板中单击"项目列表"按钮 ≣ 设置为项目列表，按 Enter 键，输入"联系我们"。

4）将光标定位在"代码"视图中 nav 容器<div id="nav"></div>内部，插入图像 nav.png。

5）对 banner.jpg 中的文本导航以及 nav.jpg 中的图像导航、"加入收藏"、"联系我们"添加超链接。

提示：图像中的内容制作超链接使用热点地图实现。

结构代码如下：

```
<div id="head"><a href="#"><img src="../images/banner.jpg" width="1002"
height="182" usemap="#Map" border="0" />
   <map n...
</a>
 <ul>
   <li><a href="#">加入收藏</a></li>
   <li><a href="#">联系我们</a></li>
 </ul>
</div>
<div id="nav"><a href="#"><img src="../images/nav.png" width="1002"
height="105" usemap="#Map2" border="0" /></a>
   <map na...
</div>
```

效果如图 9-13 所示。

图 9-13 头部内容

（2）right 内容添加。

right 容器内的内容为一些文本，使用表格添加内容。

1）在"代码"视图中，将光标定位在 right 容器内，在"插入"面板的"常用"选项卡中单击"表格"按钮，弹出"表格"对话框，按如图 9-14 所示设置参数。

图 9-14 "表格"对话框

2）单击"确定"按钮。在表格中按照效果图在各单元格中输入文本。

3）除了第一个单元格的"星座运势"与第三个单元格内的"单击星座，查看运程"外，其余文本全部添加超链接。制作完毕如图 9-15 所示。

图 9-15 right 容器内容

（3）版尾内容添加。

版尾只有版权声明文本。

将光标定位在 footer 容器内，输入文本"星语星愿俱乐部版权所有"。

3. 美化模板

（1）CSS 初始化网页。

具体代码如下所示：

```
<style type="text/css">
body {
        font-size: 12px;
        margin: 0px;
        padding: 0px;
}
#container {
        width: 1002px;
        margin-right: auto;
        margin-left: auto;
}
td{
        text-align:center;
}
</style>
```

（2）美化头部 head。

主要内容是把"加入收藏"、"联系我们"文本放置到右上角（使用绝对定位实现），超链接文本设置为白色。

CSS 规则代码如下所示：

```
#head {
        position: relative;
}
#head ul {
        position: absolute;
        left: 820px;
        top: 10px;
        list-style-type: none;
}
```

```
#head ul li a {
        color: #FFF;
}
#head ul li {
        display: inline;
        padding-left: 25px;
}
```

（3）美化主体内容 content。

美化内容如下：

1）按照图 9-8 所示设置左中右三个容器的宽与高，left 与 center 容器左浮动，right 容器右浮动，容器间距设为 30px，外观有虚线边框。

2）为 right 容器添加背景图 right_bg.jpg。

3）设置 right 容器中文本格式，创建类 td1，设置文本为白色，字体大小为 16px；创建类 td2，设置文本为桔黄色#F60。

4）将超链接文本设为黑色，光标移上去变为红色，无下划线。

具体代码如下所示：

```
#left,#center,#right{                          #content {
height: 400px;                                      overflow: hidden;
border: 1px dashed #CCC;                            margin-top: 15px;
}                                              }
#left {                                        .td1 {
    float: left;                                    font-size: 16px;
    width: 280px;                                   color: #FFF;
    margin-right: 30px;                             font-weight: bold;
}                                                   padding-left: 5px;
#right {                                            text-align:left;
    float: right;                                   }
    width: 300px;                              .td2 {
    background-image: url(../images/right_bg.jpg) no-repeat;    color: #F60;
}                                              }
#center {
    width: 360px;
    float: left;
}
td a {
    text-decoration: none;
    color: #000;
}
td a:hover {
    color: #F00;
}
```

5）选择"星座运势"文本，在 HTML"属性"面板的"类"下拉列表中选择 td1，应用 td1 样式。

6）选择"单击星座，查看运程"文本，在 HTML"属性"面板的"类"下拉列表中选择 td2，应用 td2 样式。

7）按照背景图调整单元格的宽与高。

美化完毕效果如图 9-16 所示。

图 9-16 right 容器美化效果

（4）美化版尾。

设置 footer 容器的高度为 50px，背景颜色为#685A98；文本居中显示，颜色为白色。具体代码如下所示：

```
#footer {
    line-height: 50px;
    text-align: center;
    background-color: #685A98;
    color: #FFF;
    margin-top: 10px;
}
```

9.2.4 定义可编辑区域

模板内容制作完成后，需要在模板内定义可编辑区域。在本案例中 left 容器与 center 容器作为可编辑区域。定义可编辑区域的步骤如下：

（1）选中 left 容器，执行"插入"｜"模板对象"｜"可编辑区域"，弹出"新建可编辑区域"对话框，在"名称"文本框中输入可编辑区域的名称，如图 9-17 所示。

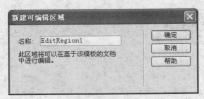

图 9-17　"新建可编辑区域"对话框

（2）单击"确定"按钮。用同样的方法把 center 容器定义为可编辑区域，名称设为 EditRegion2。

定义完毕后，在"设计"视图中的可编辑区域会出现天蓝色的边框，边框顶部显示该可编辑区域的名称，效果如图 9-18 所示。

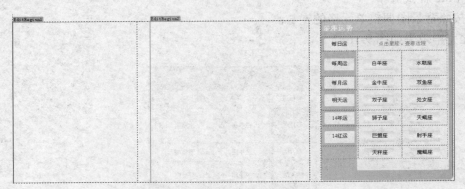

图 9-18　添加可编辑区域效果图

（3）至此，模板制作完成，执行"文件"｜"保存"命令保存模板。

9.2.5 制作基于此模板的页面——首页

1．创建首页

（1）启动 Dreamweaver CS6，执行"文件"｜"新建"命令，打开"新建文档"对话框，选择"模板中的页",然后在"站点"列表中选择创建的"模板应用"站点,在"站点'模板应用'的模板"列表中选择 moban1,如图 9-19 所示。

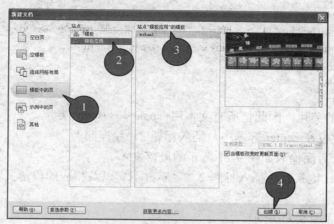

图 9-19 基于模板新建文档

(2)单击"创建"按钮即创建一个基于模板 moban1 的网页。

(3)执行"文件"|"保存"命令,保存为 index.html。

在 index.html 中,当把光标放置在可编辑区域外时光标变成禁用状态🚫,不允许修改编辑。

2. 内容添加

首页中可编辑区内容效果如图 9-20 所示。

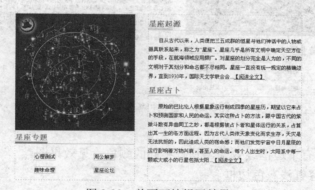

图 9-20 首页可编辑区效果

(1)将光标定位在 left 容器中,插入图像 xingzuo.jpg,在"属性"面板中设置图像宽度为 280px。

(2)将光标定位在 xingzuo.jpg 后面,插入标题 2"星座专题"。

(3)在标题 2 后面插入 2*2 表格,在单元格中输入相应的内容。

(4)为单元格内的文本添加超链接。

具体代码如下所示:

```
<div id="left">
    <img src="images/xingzuo.jpg" width="280" height="281" /><h2><span>星座专题
</span></h2>
    <table width="100%" border="0" cellspacing="0" cellpadding="0">
        <tr>
```

```
            <td height="34" ><a href="#"><span>心理测试</span></a></td>
            <td ><span>周公解梦</span></td>
          </tr>
          <tr>
            <td height="31" ><a href="#"><span>趣味命理</span></a></td>
            <td ><a href="#"><span>星座论坛</span></a></td>
          </tr>
        </table>
      </div>
```

为了方便后面的美化，因此把所有文本用与界定。

（5）将光标定位在 center 容器中，插入标题 2 "星座起源"。

（6）在标题 2 后面输入如图 9-21 所示的段落文本。

（7）单击 Enter 键换行，插入标题 2 "星座占卜"以及相应的段落文本。

（8）给"阅读全文"添加超链接。

内容输入完毕如图 9-21 所示。

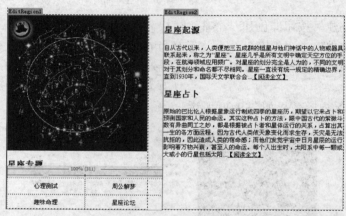

图 9-21　首页可编辑区内容

3. 美化内容

（1）所有 h2 都有下边框线效果，具有不同的颜色，见效果图。

（2）单元格内容有浅灰色边框。

（3）段落文本首行缩进 2ems，行高为 150%。

具体代码如下所示：

```
<style type="text/css">
#left h2 {
    color: #F3F;
    border-bottom: solid 1px #889FE6;
    margin-top: 10px;
    padding-bottom: 2px;
}
td span {
    border: 1px solid #CCC;
}
#center h2 {
    color: #09F;
    padding-bottom: 2px;
    border-bottom: solid 1px #FCF;
}
p {
    line-height: 150%;
    text-indent: 2em;
}
#left h2 span {
    border-bottom: solid 4px #7775C6;
}
```

```
#center h2 span {
        border-bottom: solid 4px #FCF;
    }
    </style>
```

9.2.6 制作基于此模板的页面——处女座二级页面

1. 创建网页

用与制作首页同样的方法基于模板 moban1 创建网页，保存为 girl.html。

处女座二级页面可编辑区内容效果如图 9-22 所示。

图 9-22 二级页面可编辑区效果

从效果图得知，left 容器中为一张图片，center 容器中为二级标题与段落文本以及一个表格文本组成，表格中的文本添加超链接。

2. 添加内容

按分析添加内容。与首页添加内容相似。具体代码如下所示：

```
<div id="left"><img src="images/girl.jpg" width="280" height="329" /></div>
<div id="center">
   <h2 class="h21"><span>处女座</span></h2>
   <p>处女座（...
   <h2 class="h22"><span>关于处女座</span></h2>
   <table ...
    </div>
```

3. 美化网页

按照效果图进行美化，具体代码如下：

```
<style type="text/css">
.h21 {
        color: #F3F;
        border-bottom: solid 1px #FCF;
        padding-bottom: 2px;
}
.h21 span {
        border-bottom: solid 4px #FCF;
}
.h22 {
        color: #F93;
        padding-bottom: 2px;
        border-bottom: solid 1px #FC6;
}

.h22 span {
        border-bottom: solid 4px #FC6;
}
p {
        line-height: 180%;
        text-indent: 2em;
}
</style>
```

9.3　任务3：操作模板

任务目标： 掌握模板的一些基本的编辑方法。

9.3.1　编辑模板

模板创建完成后，根据实际情况可以随时更改模板的样式和内容。

（1）启动 Dreamweaver CS6，执行"文件"｜"打开"命令，打开"打开"对话框，选择要修改的模板"09 模板应用/moban1.dwt"文件，单击"打开"按钮。

（2）修改头部的 Banner。选择头部的图片，单击"属性"面板的"源文件"后面的"浏览文件"图标，如图 9-23 所示，打开"图像源文件"对话框，选择 banner2.jpg，单击"确定"按钮。

图 9-23　修改源文件

修改完成，头部效果如图 9-24 所示。

图 9-24　修改 Banner 后效果

（3）执行"文件"｜"保存"命令，弹出"更新模板文件"对话框，如图 9-25 所示。

提示： 在站点下编辑修改模板后，保存模板时就会弹出"更新模板文件"对话框，里面会显示出基于此模板创建的网页。那是否要更新与模板相链接的网页，单击"更新"按钮则更新，单击"不更新"按钮则不更新。

（4）单击"更新"按钮，弹出"更新页面"对话框，如图 9-26 所示。

图 9-25　"更新模板文件"对话框

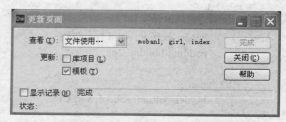

图 9-26　"更新页面"对话框

（5）单击"关闭"按钮完成更新。

（6）执行"文件"｜"打开"命令，打开基于此模板创建的网页 index.html 和 girl.html，如图 9-27 所示，可以发现这两个网页的头部 Banner 均已经修改。

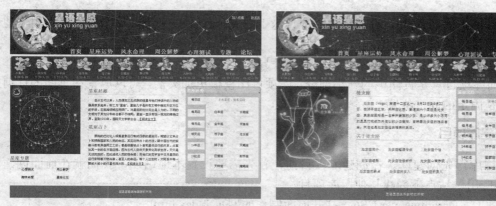

图 9-27　更新后的页面效果

提示： 如果在保存时网页没有自动更新，可以执行"修改"|"模板"|"更新当前页"进行手动更新。前提为模板与网页在同一个站点内。

9.3.2　文档脱离模板

如果需要可以将文档从模板中分离，分离后的网页与模板就没有关系了，原来模板中的不可编辑的区域都可以进行自由编辑，具体的操作方法如下。

启动 Dreamweaver CS6，打开基于模板创建的网页 girl.html。

执行"修改"|"模板"|"更新当前页"命令，可以发现在 girl.html 中原来的可编辑区域标识没有了，将光标放到模板中创建的内容处（头部 Banner 与 nav、right）不再是禁用符号，可以进行自由编辑，如图 9-28 所示。

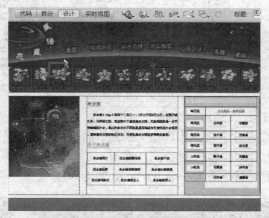

图 9-28　文档脱离模板后

9.4　任务 4：库的应用——运动文字

任务目标： 了解什么是库，库的作用，库的创建以及应用方法。

库与模板类似，是 Dreamweaver 中的一种特殊文件。其中包含用户已创建的单独资源或资源的集合。库里的这些资源成为库项目。每当更改某个库项目的内容时，即可自动更新所有使用该项目的页面。在库中可以存储各种各样的页面元素，如图像、表格、声音和 Flash 文件等。库文件的扩展名为.lbi，存放在站点根目录下的 library 文件夹下，这个文件夹不用创建，在创建库项目时系统会自动创建。

模板与库的区别：模板和库，在本质上差异不大。模板针对的是页面大框架的、整体上的控制，而库项目只是页面中的一小部分。库项目比模板更加灵活，可以放置在页面的任何位置，而不是固定的同一位置。

9.4.1　创建库项目

要使用库得先创建库。在创建库项目前，首先需要设置本地站点，我们就在前面创建的"09 模板应用"站点下创建与使用库项目。

（1）启动 Dreamweaver CS6，打开前面制作的网页 index.html。

（2）在右边的面板组中打开"资源"面板，如果没有，执行"窗口"|"资源"命令即打开资源面板。

（3）单击左侧的"库项目"按钮，显示库面板，如图 9-29 所示。

（4）单击右下角的按钮，新建一个库项目，命名为 ku1，如图 9-30 所示。

（5）打开"文件"面板，发现在站点下自动生成了一个 Library 文件夹，ku1.lbi 库保存在里面，如图 9-31 所示。

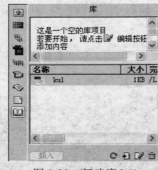
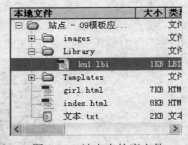

图 9-29　库面板　　　　　　图 9-30　新建库 ku1　　　　　　图 9-31　站点内的库文件

（6）双击 ku1.lbi，打开文档进行编辑。

（7）将光标定位在"设计"视图中，在"插入"面板的"常用"选项卡中单击"插入 Div 标签"按钮，弹出"插入 Div 标签"对话框，在 ID 文本框中输入 ku，如图 9-32 所示，然后单击"确定"按钮，即在页面中插入一个 ID 为 ku 的 DIV 标签。

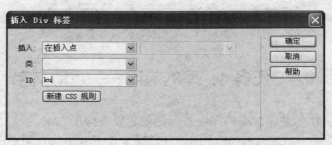

图 9-32　插入 ku 容器

（8）删除 DIV 内自动生成的文字，将光标定位在"代码"视图的 DIV 容器内，插入 marquee

标签，制作移动文字，具体代码如下所示：

```
<div id="ku"><marquee bgcolor="#CCCCFF">关注自己的运势，欢迎来到星语星愿俱乐部！
</marquee></div>
```

（9）创建标签 marquee 的 CSS 规则，设置颜色为红色#F00，代码如下所示：

```
<style type="text/css">
marquee {
    color: #F00;
}
</style>
```

保存库项目 ku1.lbi。库项目制作完毕。

9.4.2 使用库项目

（1）切换至 index.html 文档。将光标定位在可编辑区域 EditRegion2 末尾单击 Enter 键换行。

（2）打开"资源"面板，用鼠标左键按住 ku1.lbi 库项目拖拽至换行处，松开鼠标左键，即在此处插入一个库项目，如图 9-33 所示。

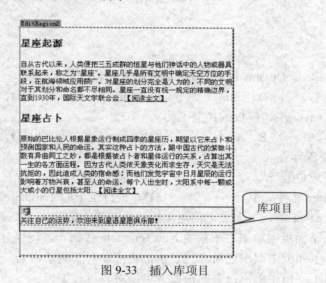

图 9-33　插入库项目

（3）为了更好地控制库项目的位置，通过在代码视图中修改代码把库项目放置在一个 ID 名为 ku1 的 DIV 容器中，具体代码如下所示：

```
<div id="ku1"> <!-- #BeginLibraryItem "/Library/ku1.lbi" -->
<style ...          ←——————— 库项目代码
<!-- #EndLibraryItem --></div>
```

（4）创建 ID 为 ku1 的 CSS 规则，设置上外边距 Margin-top 为 100px，代码如下：

```
#ku1 {
    margin-top: 100px;
}
```

（5）保存该文档，在浏览器中预览效果如图 9-34 所示。

（6）用同样的方法在 girl.html 的 EditRegion2 末尾使用库项目 ku1.lbi。

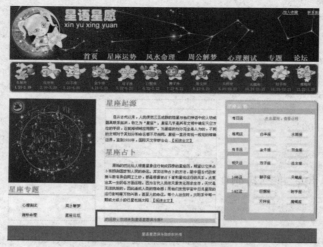

图 9-34　使用库后预览效果

思考练习

一、选择题

1、下列（　　）是 Dreamweaver 中库文件的扩展名。
　　A、.dwt　　　　　　　B、.htm　　　　　　C、.lbi　　　　　　　D、.cop

2、在 Dreamweaver 中，模板的扩展名为（　　）。
　　A、.dot　　　　　　　B、.dwt　　　　　　C、.xlt　　　　　　　D、.pot

3、模板文件要保存在（　　）中。
　　A、站点任意位置　　　　　　　　　　B、根目录下
　　C、Templates 文件夹中　　　　　　　D、根目录下的 Templates 文件夹中

4、在 Dreamweaver 中，下面关于创建模板的说法错误的是（　　）。
　　A、在模板子面板中单击右下角的 NewTemplate 按钮，就可以建立新模板
　　B、在模板子面板中双击已命名的名字，就可以对其重新命名
　　C、在模板子面板中单击已有的模板就可以对其进行编辑
　　D、以上说法都错误

5、在创建模板时，下面关于可编辑区的说法正确的是（　　）。
　　A、只有定义了可编辑区才能把它应用到网页上
　　B、在编辑模板时，可编辑区是可以编辑的，锁定区是不可以编辑的
　　C、一般把共同特征的标题和标签设置为可编辑区
　　D、以上说法都错误

二、简答题

1、什么是模板，它有什么作用？
2、什么可以定义成库？
3、模板与库的区别。

4、在模板中如何插入一个可编辑区域？

拓展训练

为了进一步深化对模板的认识，理解模板的功能，掌握模板的创建与制作、可编辑区域的添加方法，并能够基于模板创建网页。请按照如图 9-35 所示效果制作模板，并把 right 产品展示说明区制作为可编辑区域，并基于此模板制作至少两个网页。

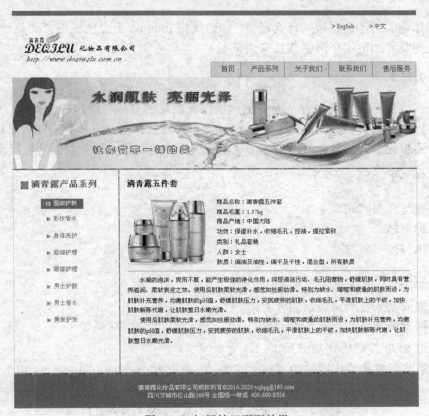

图 9-35　拓展练习页面效果

步骤提示：

（1）首先创建网站。

（2）创建空模板。

（3）按效果图制作模板内容。

（4）创建可编辑区域。

（5）保存模板，基于模板创建网页。

项目十 整装待发－测试与发布、维护与推广

【问题引入】

网站制作完成后还需要做些什么事情，如何放到 Internet 上去供浏览者浏览？放到网上去后又如何让浏览者知道这个网站并且来浏览呢？

【解决方法】

网站制作完成后还需要进行全面的测试以保证网站的显示与链接的正确性。测试无误后就准备发布到互联网上。发布前必须申请域名与空间，然后把网站上传到空间就可以在 Internet 上浏览了。要想让别人知道你的网站并浏览就要进行宣传与推广，并且时常更新与维护网站。

【学习任务】

- 测试与发布网站
- 维护网站
- 优化与推广网站

【学习目标】

- 掌握网站测试的内容与测试方法
- 掌握维护网站的一些常用方法
- 了解 SEO 搜索优化基础知识
- 了解常用宣传推广网站的方式

10.1 任务 1：测试与发布网站

任务目标：完成网站的浏览器兼容测试与链接测试。

网站制作完成后，在上传到远端服务器之前，应该在本地先对站点进行完整的测试，包括检测站点在各种浏览器中的兼容性，检测站点中是否存在错误和断裂的链接，网页中是否有多余的标签以及语法错误等。并在浏览器中预览站点中的网页，以找出其他可能存在的问题。

本次任务内容以项目九的星座网站为例进行操作。

10.1.1 测试网站

1. 浏览器兼容性测试

为了保证所制作的网页能够在主流浏览器中稳定运行，Dreamweaver 提供了测试浏览器兼容性的功能，检查是否有目标浏览器所不支持的任何标签或属性。

在 Dreamweaver CS6 中，检测浏览器的兼容性变得非常简便易行。在文档工具栏上整合了一个检查浏览器兼容性的按钮🔲。具体操作步骤如下：

（1）启动 Dreamweaver CS6，打开项目九制作的模板页 moban1.dwt。

（2）单击文档工具栏的"检查浏览器兼容性"按钮，弹出如图 10-1 所示的菜单，单击"检查浏览器兼容性"，打开如图 10-2 所示面板。

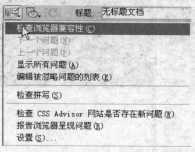

图 10-1　检查浏览器兼容性

图 10-2　检测面板

（3）单击左侧的按钮，弹出如图 10-3 所示的菜单，单击"设置"命令，打开"目标浏览器"对话框，如图 10-4 所示。

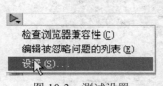

图 10-3　测试设置

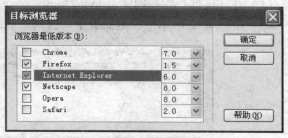

图 10-4　选择测试"目标浏览器"

（4）选择常用的浏览器，设置其版本。

（5）单击"确定"按钮，检查完毕后，会在窗口中显示检查结果，如图 10-5 所示。

图 10-5　检测结果

（6）根据提示的行数就可以找到不兼容的标签或属性，并且在其代码下面会以绿色波浪线显示，如下所示。

```
94    <div id="head"><a href="#">
```

双击检查结果项，在视图中会标识出不兼容的位置区域，如图 10-6 所示。

图 10-6　不兼容内容区域

然后就可以进行修改了。

2. 检查链接错误

一个网站由多个网页组成，里面的链接可能成百上千，在开发网站的过程中难免会因为疏忽而导致一些无效或错误链接的产生。如果存在错误链接，是很难察觉的。采用常规的方法，只有打开网页，单击链接时，才可能发现错误。而 Dreamweaver 可以帮助用户快速检查站点中网页的链接，避免出现链接错误，具体步骤如下。

（1）打开项目九制作的主页 index.html。

（2）在图 10-2 所示的检测面板中切换到"链接检查器"面板，此时界面如图 10-7 所示。

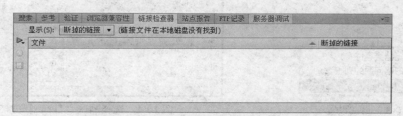

图 10-7　链接检查器

（3）单击"显示"下拉列表，弹出如图 10-8 所示选项，可以选择要检查的链接方式。

- 断掉的链接：检查文档中是否存在断开的链接，这是默认选项。
- 外部链接：链接到站点外的链接，不能检查。
- 孤立的文件：检查站点中是否存在孤立文件。所谓孤立文件，就是没有任何链接引用的文件。该选项只有在检查整个站点链接的操作中才有效。

（4）在"显示"下拉列表中选择某个选项后，单击左边的 ▷ 按钮，在弹出的下拉菜单中选择"检查整个当前本地站点的链接"选项，如图 10-9 所示。链接检查器检查完毕会在窗口中显示检查结果，如图 10-10 所示。

要修复断掉的链接或无效的链接，在相应项的右边的"断掉的链接"或"无效的链接"栏上单击即可修改，也可以单击后面的"浏览文件"按钮选择链接的文件或网页，如图 10-11 所示。

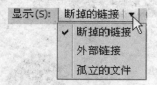

图 10-8　链接方式选项　　　　　　　　　　图 10-9　设置检查范围

图 10-10　链接检查结果

图 10-11　修复链接

10.1.2　发布网站

在站点发布之前，首先要申请域名和网络空间，同时还要对本地计算机进行相应的配置，以完成网站的上传。

网站的空间是用于在 Internet 服务器上存放网站文件的硬盘空间，相当于网站的家。域名相当于网站在服务器上所安家的地址，与该主机的 IP 地址相对应，用域名代替 IP 地址，目的是方便理解与记忆。例如百度搜索的域名为 www.baidu.com。

1.　申请域名

申请域名可以登录到申请机构的相关网站进行，这些网站都有详细的说明，帮助使用者迅速申请域名。目前国内比较好的服务商，如中国万网、新网、商务中国、重庆在线等。

（1）注册成为域名注册商的用户。

（2）通过此用户登录申请域名，如图 10-12 所示。

查询可以后进行付费。

注册域名时要注意：域名应该简明易记，有一定的内涵和意义，例如，企业的名称、产品名称、商标名、品牌名等，这有助于实现企业的营销，有助于搜索引擎的搜索。

通过域名并不能直接找到要访问的主机，只有 IP 地址才能找到主机，因此需要把域名转换为 IP 地址，即域名解析（DNS）。域名注册后，注册商为域名提供免费的静态解析服务。一般的域名注册商不提供动态解析服务 DDNS（动态 IP 地址映射到一个固定 DNS 域名的解析服务），如果需要使用动态解析服务，需要向动态域名服务商支付域名动态解析服务费。

图 10-12　申请域名

2.　申请空间

　　网络空间有免费和收费两种，对于初学者，可以先申请一个免费空间。网上有很多提供免费空间的服务商，比如 cn.5944.net，可以登录到网站上，注册后就可申请到一个免费空间。申请成功后要记下 FTP 主机、账号和密码等信息，如图 10-13 所示。

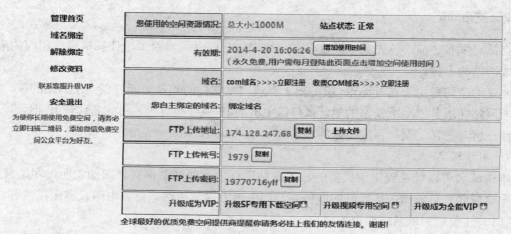

图 10-13　申请的空间

3.　设置远程站点并上传

　　（1）执行"站点" | "管理站点"命令，打开"管理站点"对话框。

　　（2）选择要设置的站点"09 模板应用"，单击"编辑"按钮 ✐，如图 10-14 所示，打开"站点设置对象 09 模板应用"对话框。

　　（3）在左侧选择"服务器"选项，如图 10-15 所示。

　　（4）单击 ➕ 按钮，添加新服务器，打开服务器设置面板，根据前面申请的空间与域名填写相关信息，如图 10-16 所示。

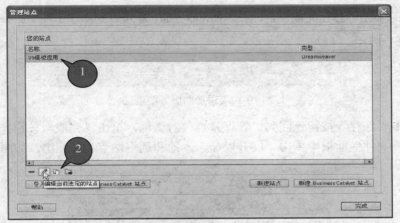

图 10-14　"管理站点"对话框

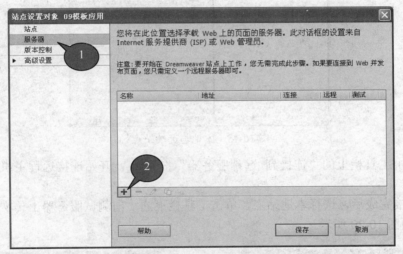

图 10-15　添加服务器

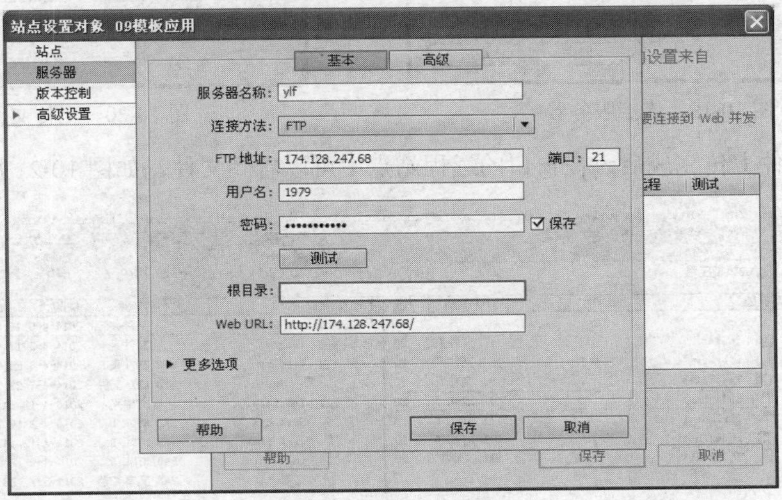

图 10-16　设置服务器

（5）单击"保存"按钮完成设置，回到服务器界面，即可看到添加了一个服务器，如图 10-17 所示。

图 10-17　添加的服务器信息

（6）单击"保存"按钮返回到"管理站点"对话框，单击"完成"按钮完成设置。

（7）在"文件"面板中单击"展开以显示本地和远端站点"按钮，如图 10-18 所示。

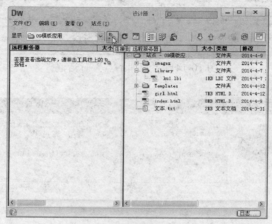

图 10-18　本地与远端站点

（8）单击工具栏上的"连接到 远程服务器"按钮，开始连接远程主机，如图 10-19 所示。

（9）连接完成后，选择本地站点，单击工具栏上的"向测试服务器上传文件"按钮，上传文件，如图 10-20 所示。

图 10-19　连接服务器

图 10-20　上传文件

（10）文件上传完成后，在窗口的远程站点中可以看到文件，如图 10-21 所示。

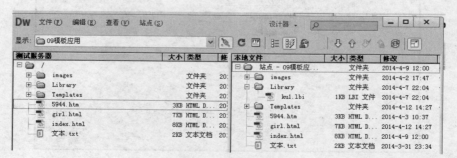

图 10-21　文件上传完毕

10.2 任务 2：维护网站

任务目标：掌握如何同步本地与远程站点文件，了解取出与存回的作用并掌握取出与存回文件或文件夹的方法，了解遮盖的作用与用法。

10.2.1 同步本地与远程站点

本地站点文件上传至 Web 服务器后，利用 Dreamweaver 的同步功能使本地站点和远程站点上的文件保持一致，这样可以把文件的最新版本上传到远程站点，具体步骤如下。

（1）执行"站点"｜"同步站点范围"命令，打开"与远程服务器同步"对话框，如图 10-22 所示。

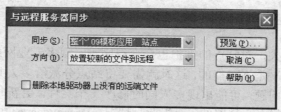

图 10-22 "与远程服务器同步"对话框

（2）在"同步"下拉列表中选择同步的方式：
- 整个 09 模板应用站点：同步整个站点。
- 仅选中的本地文件：只同步选定的文件。

（3）在"方向"下拉列表中选择复制文件的方向，有三种方向：
- 放置较新的文件到远程：上传在远程服务器上不存在或自从上次上传以来已更改的所有本地文件。
- 从远程获得较新的文件：下载本地不存在或自从上次下载以来已更改的所有远程文件。
- 获得和放置较新的文件：将所有文件的最新版本放置在本地和远程站点上。

（4）在对话框中还有一个复选框"删除本地驱动器上没有的远端文件"，如果勾选：
- 放置较新的文件到远程：删除远程站点中没有相应本地文件的所有文件。
- 从远程获得较新的文件：删除本地站点中没有相应远程文件的所有文件。
- 获得和放置较新的文件：此复选框不可用。

（5）设置完成所有参数后，单击"预览"按钮。就开始检查是否有新的文件或内容，如图 10-23 所示。检查完毕，如果文件的最新版本都在本地和远程站点上也不需要删除任何文件，则显示一个提示框，提示用户不需要进行任何同步，如图 10-24 所示。如果有的话将显示"同步"对话框，如图 10-25 所示。

图 10-23 检测是否有新文件

图 10-24 不需要同步提示

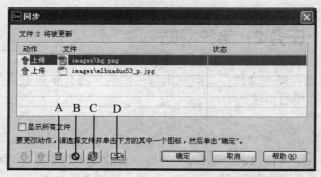

A：标记所选文件已删除
B：此次同步时忽略所选文件
C：将所选文件标记为已同步
D：比较所选文件的远端与本地版本

图 10-25　同步结果

（6）用户可以在同步前通过左下角的几个按钮更改对这些文件的操作。单击"确定"按钮进行同步。

10.2.2　取出与存回文件

随着站点规模的扩大，对站点的维护也会变得困难。很多专业网站拥有成千上万的文件，要想一个人维护站点几乎是不可能的，这时就需要将站点分派给多人共同维护，这就存在着维护人员之间的协同合作问题，可能出现多人同时修改一个文件，更新时产生相互覆盖，无法分清哪些内容是新的，哪些内容是旧的。对于此种情况，Dreamweaver 中的取出与存回功能可以确保在同一时间，只能由一个人对网页进行修改。

1. 设置取出/存回系统

必须先将本地站点与远程服务器相关联，然后才能使用存回/取出，具体步骤如下。

（1）执行"站点"｜"管理站点"命令，打开"管理站点"对话框。

（2）选择要设置的站点，单击"编辑"按钮 ✐，打开"站点设置"对话框。

（3）在"站点设置"对话框中，选择"服务器"选项，在右边选择已添加的服务器，单击"编辑现有服务器"按钮 ✐，如图 10-26 所示，打开服务器参数设置界面。

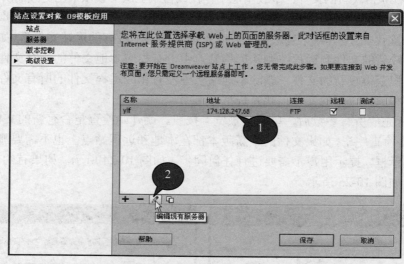

图 10-26　编辑远程服务器

选择"高级"选项，在界面中勾选"启用文件取出功能"复选框，如图 10-27 所示。

基本
高级
远程服务器
维护同步信息
保存时自动将文件上传到服务器
启用文件取出功能
打开文件之前取出
取出名称:
阳阳
电子邮件地址:
测试服务器
服务器模型:
帮助
保存
取消

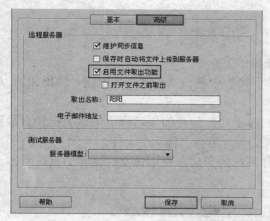

打开文件之前取出：在“文件”面板中双击打开文件时自动取出这些文件。

取出名称：取出名称显示在“文件”面板中已取出文件的旁边；这使小组成员知道是谁在修改文件。

电子邮件地址：如果输入电子邮件地址，您的姓名会以链接（蓝色并且带下划线）形式出现在“文件”面板中的该文件旁边。

图 10-27　启用文件取出功能

单击“保存”按钮完成设置。设置完存回/取出系统后，就可以进行取出与存回操作了。

2. 取出

在“文件”面板中，选择要从远程服务器取出的文件。

执行“站点”|“取出”命令或在“文件”面板中单击“取出”按钮，弹出一个提示框，如图 10-28 所示。

相关文件 — 将在 25 秒后消除
相关文件是否应包含在传输中？
不要再显示该消息 (D)
是 (Y)
否 (N)
取消

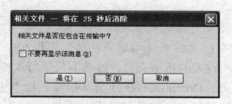

图 10-28　取出提示信息

单击“是”按钮取出新文件时下载相关文件，如果本地磁盘上已经有最新版本的相关文件，则无需再次下载它们。默认情况不会下载相关文件。

文件取出后会在文件旁边出现一个绿色选中标记表示文件已取出，并且在最后显示出取出者的名称，如图 10-29 所示。

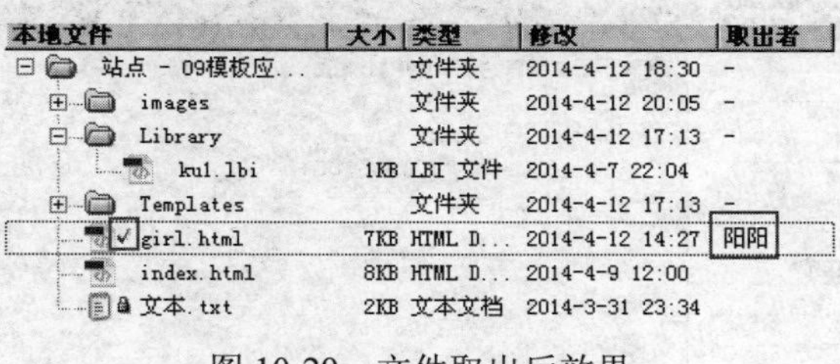

本地文件
大小
类型
修改
取出者
站点 - 09模板应...
文件夹
2014-4-12 18:30
images
文件夹
2014-4-12 20:05
Library
文件夹
2014-4-12 17:13
kul.lbi
1KB
LBI 文件
2014-4-7 22:04
Templates
文件夹
2014-4-12 17:13
girl.html
7KB
HTML D...
2014-4-12 14:27
阳阳
index.html
8KB
HTML D...
2014-4-9 12:00
文本.txt
2KB
文本文档
2014-3-31 23:34

图 10-29　文件取出后效果

提示：如果您取出当前处于活动状态的文件，则新的取出版本会覆盖该文件的当前打开的版本。

如果取出一个文件，又决定不对它进行编辑（或者决定放弃所做的更改），则可以撤消取出操作，文件会返回到原来的状态。

若要撤消文件取出，在“文档”窗口中打开文件，然后执行“站点”|“撤消取出”命令撤消取出。

3. 存回

存回与取出方法类似。

在"文件"面板中，选择要存回远程服务器的文件。

执行"站点"｜"存回"命令或在"文件"面板中单击"存回"按钮，弹出如图 10-28 所示的提示框。

单击"是"按钮将相关文件随选定文件一起上传，但是如果远程服务器上已经有最新版本的相关文件，则无需再次上传它们。默认情况下，不会上传相关文件。

文件存回后一个锁形符号出现在本地文件图标的旁边，表示该文件现在为只读状态，如图 10-30 所示。

本地文件	大小	类型	修改	取出者
□ ⊟ 站点 - 09模板应...		文件夹	2014-4-12 18:30	-
⊞ ⊡ images		文件夹	2014-4-12 20:05	-
⊟ ⊡ Library		文件夹	2014-4-12 17:13	-
ku1.lbi	1KB	LBI 文件	2014-4-7 22:04	-
⊞ ⊡ Templates		文件夹	2014-4-12 17:13	-
🔒 girl.html	7KB	HTML D...	2014-4-12 14:27	
index.html	8KB	HTML D...	2014-4-9 12:00	
🔒 文本.txt	2KB	文本文档	2014-3-31 23:34	

图 10-30　存回后

10.2.3　遮盖

对网站中的某一类型或某些文件夹使用遮盖功能，可以在上传或下载时排除这一类型的文件和这些文件夹。对于一些较大的压缩文件，如果不希望每次都上传，也可以遮盖这些类型的文件。除了上传和下载之外，Dreamweaver 还会从报告、检查更改链接、搜索替换、同步、资源面板内容、更新库和模板等操作中排除被遮盖的文件。

默认情况下，Dreamweaver 启用了网站的遮盖功能。

启用或禁用站点遮盖功能的方法为：在"文件"面板中选择一个文件或文件夹，右击该文件或文件夹，在打开的快捷菜单中选择"遮盖"｜"设置"命令，打开"站点设置对象 09 模板应用"对话框，显示为"遮盖"选项界面，如图 10-31 所示。

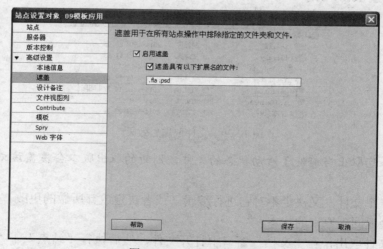

图 10-31　启用遮盖功能

选择或取消"启用遮盖"复选框可以启用或取消"遮盖"功能。选择或取消"遮盖具有以下扩展名的文件"复选框以启用或禁用对特定文件类型的遮盖，还可以在文本框中输入或删除要遮盖或取消的文件后缀。

10.3　任务 3：网站的优化推广

任务目标：了解网站推广的一些常用方法，了解搜索引擎优化 SEO 的概念以及影响搜索引擎排名的一些有利因素与不利因素，以帮助我们创建出符合搜索引擎搜索规则的网站，让浏览者更容易搜索到网站并浏览网站。

当一个新的网站建立后，要想浏览者能够来访问，就必须对网站进行宣传推广。

10.3.1　注册搜索引擎

在当今的互联网时代，全世界的网民每天都在使用 Google、Yahoo、百度等各个搜索引擎查找自己需要的资料，查找自己想搜索的网站，寻找想购买的商品。那么网站上线后，为了方便用户通过 Google、百度、Yahoo 等多种搜索引擎快速访问到网站，第一步应该是主动去注册搜索引擎而不是被动等待搜索。

以百度为例，普通的百度搜索引擎注册（登录）办法就是通过百度登录页面向百度搜索引擎提交即可，登录页面地址为 http://www.baidu.com/search/url_submit.html，如图 10-32 所示。填好相关信息后提交，大约两个星期后，通过审核的网站就可以被搜索引擎搜索到。通常，搜索引擎都是通过网站首页的标题来确定搜索的关键字。

图 10-32　注册搜索引擎

10.3.2　SEO 搜索引擎优化

每次搜索引擎搜索到的信息非常多，但人们大多可能只会看前面的几页，排在后面的很少会去单击查看。因此要想在搜索引擎中排在前面方便客户找到我们，就需要进行 SEO（Search Engine Optimization）搜索引擎优化，即通过整站优化提高搜索引擎排名。

1. 什么是 SEO

SEO（Search Engine Optimization）搜索引擎优化，是指通过对网站的调整，使网站符合搜索引擎的喜好，从而在搜索引擎中自然获得较好排名的策略。

SEO 的主要工作是通过了解各类搜索引擎如何抓取互联网页面、如何进行索引以及如何确定其对某一特定关键词的搜索结果排名等技术，来对网页进行相关的优化，使其提高搜索引擎排名，从而提高网站访问量，最终提升网站的销售能力或宣传能力。

2. 影响搜索引擎排名的基本因素

影响搜索引擎排名的因素主要有服务器、域名与文件、网站结构、网站导航、网站内容、title 和 meta 因素、反向链接和 PR 值等。

（1）服务器。

1）服务器所在区域对网站排名有影响。

举一个简单的例子，假如有两个网站，它们的服务器一个放在美国，一个放在中国，内容一样，并且进行了同样的 SEO 优化，那么我们在搜索引擎上搜索同一个词时，会发现它们的排名可能相差很远，一个可能排在第一位，另一个可能连首页都排不到，这就是服务器地址的影响。

2）服务器 IP 是否被搜索引擎处罚过对网站排名也有影响。

3）服务器的速度与稳定性。

服务器速度快了，蜘蛛爬行你网站时的效率就高；慢了，用户不喜欢，搜索引擎也不太喜欢。因为搜索引擎的标准是围绕用户的爱好的。同样的道理，网站的稳定性对搜索引擎也至关重要，避免经常打不开。

（2）域名与文件名。

如果做英文网站，直接采用包含关键词的域名非常有助于排名，比如要排 chinatour 这个关键词，如果你选用了 chinatour.com，那么很快就可以获得好的排名。如果是中文网站，那么可以考虑一下全拼的域名因为各大搜索引擎都可以很好的识别拼音，这样对排名也非常有利。

根据关键字无所不在的原则，可以在文件路径与文件名中使用到关键词。但如果是关键词组，则需要用分隔符隔开，常用连字符 "-" 和下划线 "_" 时行分割，URL 中还经常出现空格码 "%20"。因此，如果以 "中国旅游" 作为文件名，可能出现以下 3 种分隔形式：

- china_tour.htm。
- china-tour.htm。
- china%20tour.htm。

目前，Google 等搜索引擎并不认同_作为分隔符，对 Google 来说，china-tour 和 china%20tour 都等于 china tour，但 china_tour 就被读成了 chinatour，连在一起后，关键词就失去了意义。

（3）网站的结构。

大标题要用<h1>，h1 的作用类似于 title，主要就是告诉搜索引擎这个网页的核心内容是什么。文本中的的关键词用<b>加粗或者加重。注意，如果文本中出现的关键词比较多，只要加粗 1～3 次，合理突出一下就可以，不要过度使用。

网页中的图片要加上 alt 注释。加 alt 注释的图片，通常是网页中的重要图片，比如产品图片、明星图片等。网页中的修饰图片不要乱加，除非是为了说明图片的内容。由于图片搜索引擎的用户越来越多，在百度搜索中甚至超越了 MP3 用户，企业如果做好这个细节，图片搜索引擎也可能给你的网站带来大量的流量。合理地加图片说明，但不要在说明中堆积关键词。

（4）网站的导航。

1）网站的导航结构要清晰明了，能够让用户在最短的时间内找到自己需要的信息，这样用户会非常喜欢，同时搜索引擎也会喜欢。

2）超链接要用文本链接。网页中的超链接不要使用 Flash 按钮或者图片链接，最好使用文字来做链接，这样对排名有帮助。

3）各个页面之间要有相关链接，这条非常重要，就是让网站的每个网页都要有网站相关的其他网页的链接，这样非常有利于搜索引擎对整个网站的收录和更新。

（5）网站的内容。

1）网站的内容要丰富。例如，我建造一个围绕电子商务为主题的网站，有几万个网页，别人也做了一个围绕电子商务为主题的网站，仅有一个网页，那么这两个网站比较，哪个专业呢？肯定是前者。所以内容越丰富，搜索引擎会认为你越专业。

2）网站原创内容要多，这会给你的网站带来较高的评分。近几年，垃圾网站越来越多，所以原创内容对 SEO 的影响越来越多，网站的原创内容越多，搜索引擎就会认为你的网站越专业。

3）要用文字来表现内容，放弃用图片、Flash 等方式来表现网页中重要的内容，因为搜索引擎是看不到的，越是重要的内容越要用文字来表现。

（6）title 和 meta 因素。

title 和 meta 标签设计的 5 个原则：

1）一个网页的 title 和 meta 中，核心关键词越少越好。因为一个网页的权重是有限的，如果一个网页放几十个关键词，所有关键词获得的权重都不高，都排不上去，并且还有关键词堆积作弊的嫌疑。

2）每个页面的 title 和 meta 标签都要不同，并且要与该页面的内容相符合。

3）title 设计越简洁明了越好，尽量不要超过 25 个汉字。不要超过 50 个英文字符；description 不要超过 100 个字，因为搜索引擎只能索引到两行，大概七八十个汉字最为合理；keywords 标签不是很重要，不要堆积关键词，合理放一两个该网页的关键词就可以了。

4）title 和 meta 标签中关键词出现的频率。title 中出现 1 次；meta 中出现 3~4 次比较自然合理。

5）title 中，关键词尽可能放前面。一个网站的关键词越多越好，一个网页的关键词越少越好。

（7）反向链接与 PR 值。

什么是 PR 值？PR 值是 Google 对一个网页的评分，从 0 分到 10 分。用户只要下载 Google 工具条，浏览每一页时，自动显示该网页的 PR 值。

如何提高 PR 值？PR 值的高低，是由网页的反向链接的多少和质量来决定的，反向链接数量越多，质量越高，那么这个网页获得的 PR 值就越高，PR 越高，对排名越有利。

反向链接是指 A 网页上有一个链接指向 B 网页，那么 A 网页就是 B 网页的反向链接。需要特别强调的是：反向链接是网页和网页之间的关系，而不是网站和网站的关系，站内各个网页之间的反向链接，被称作为内部链接，站外的网页给网站内的网页做的反向链接，称为外部链接。

做外链要选择：

1）PR 值高的网页。

2）更新频率高的网页。

3）权威网页。

4）相关性高的网页。

反向链接可以用语法 link:url 来查，比如要查询百度的反向链接，只需要在搜索引擎中输入 link:www.baidu.com，就可以看到百度首页的反向链接。

增加反向链接的方法主要包括：调整网站内部构架、友情链接交换、利用原创文章被转摘以及利用专业的工具软件。

3．对搜索引擎不利的因素

（1）框架页面。

一些搜索引擎在理解框架时会犯迷糊，难以分辨框架定义的当前实际页面。

即使搜索引擎索引了页面，也不是按照框架的定义那样，在框架中定义的页面属于框架，而是将框架中定义的页面看成是独立的页面加以索引。

按照 Web 标准，一个网页唯一对应一个 URL 地址，而框架应用中，往往是一个 URL 地址对应多个框架。在这种情况下，搜索引擎就无所适从了。

（2）Flash 网页。

Flash 太多，搜索引擎也不喜欢，因为目前大部分的搜索引擎根本无法识别 Flash 中的相关信息，而技术最好的 Google 也仅能检索到部分的 Flash 文件中的内嵌链接而已，难以被搜索引擎蜘蛛抓取到 Flash 网页中的文本信息，也没法抓取到里面相关的各类链接。

（3）不可见的导航。

许多的网站导航对搜索引擎来说不可见，这是很可怕的事情，一个网页的呈现是在两个地方被编译完成的——服务器端和浏览器端。如果导航栏目的创建只照顾到浏览器端，那么极有可能为搜索引擎所不见。例如用 JavaScript 创建的导航，很多就是搜索引擎看不见的。如果想继续使用这种有吸引力的导航，则可以在其他地方增加与之一样的文本链接，放在头部、底部或左边。

总之，通过以上分析，在使用 SEO 优化策略时，需遵照有利于搜索引擎排名因素要求来进行优化，同时避免不利因素。

10.3.3　其他推广策略

1．友情链接

友情链接可以给网站带来稳定的客流，另外还有助于网站在百度、Google 等搜索引擎提升排名。

最好能链接到一些流量比自己高的有知名度的网站，或者是和自己内容互补的网站，然后是同类网站，链接同类网站时要保证自己网站有独特、吸引人之处。另外在设置友情链接时，要做到链接和网站风格一致，保证链接不会影响自己网站的整体美观，同时也要为自己的网站制作一个有风格的链接 LOGO 以供交换链接。

2．网络广告

网络媒介的主要受众是网民，有很强的针对性，借助于网络媒介的广告是一种很有效的宣传方式。目前，网站上的广告辅天盖地，足以证明网络广告在推广宣传方面的威力。网络广告投放虽然要花钱，但是给网站带来的流量却是可观的。

3．导航网站登录

如果网站被收录到流量比较大的诸如"网址之家"、"hao123"、"265 网址"等这样的导航网站中，对于一个流量不大、知名度不高的网站来说，带来的流量远远超过搜索引擎以及其他的方法。

4．病毒式营销

病毒性营销方法实质上是在为用户提供有价值的免费服务的同时，附加上一定的推广信息，常用的工具包括免费电子书、免费软件、免费 Flash 作品、免费贺卡、免费邮箱、免费即时聊天工具等可以为用户获取信息、使用网络服务、娱乐等带来方便的工具和内容。如果应用得当，这种病毒性营销手段往往可以以极低的代价取得非常显著的效果。

思考练习

一、选择题

1、要测试网络连接，可选择（　　　）菜单中的"检查站点范围的链接"命令，即可对整个网站进行测试。

  A、命令　　　　　　B、修改　　　　　　C、站点　　　　　　D、编辑

2、设置（　　　）可以保证在同一时间只有一个人能修改网页。

  A、遮盖　　　　　　B、锁定　　　　　　C、修改　　　　　　D、取出

3、网站外链，以下正确的是（　　　）。

  A、越多越好，无论什么地方都行

  B、高质量相关性高的外链，针对网站的情况，坚持持续做外链

  C、做外链对搜索引擎没效果

  D、选择几个很好的网站，天天做这几个网站的外链

4、下列 URL 对 SEO 最友好的是（　　　）。

  A、ndz/ndz.html　　　　　　　　　　B、ndz/ndz.php

  C、ndz/ndz.aspx　　　　　　　　　　D、ndz/ndz.asp?id=1

5、在友情链接方面，PR 的选择应该优先选择的链接为（　　　）。

  A、PR 高，相关性低　　　　　　　　B、PR 低，相关性高

  C、PR 低，相关性高　　　　　　　　D、RP 高，相关性高

二、简答题

1、网站测试的主要内容。

2、发布站点的基本步骤。

3、什么是 SEO？

4、影响搜索引擎的因素。

拓展训练

选择一个自己制作的网站在测试无误后，上传到网络，然后进行简单的维护。

项目十一　综合案例－在线鲜花网站首页制作

【问题引入】

从基本知识到软件操作、网页的基本元素、网页的布局方式、模板与行为的应用，到最后网站的测试与发布、维护与推广，我们已系统学习了制作网页的整套知识。但在每个项目中都是有侧重点的学习某个知识，即使在实例制作中也是直接按照给出的效果与素材把网页制作出来。大家想不想按照网站制作的流程，从策划开始，然后设计、取材、绘图、切图，最后制作出网页这样的一个流程来自己设计并制作一个网页呢？

【解决方法】

按照网站制作流程设计并制作一个网页来切身体会网页的制作过程。

【学习任务】

网页的制作流程

【学习目标】

- 掌握网页的制作流程
- 能够按照流程设计并制作网页

11.1　任务 1：网站建设规划

任务目标：规划在线鲜花网站。

11.1.1　需求分析

随着电子商务的快速发展，网购人数越来越多。而人们生活不断提高，消费意识渐渐增强，对鲜花礼品的认知与需求也将与日俱增。鲜花有一定的"保鲜期"，若业务量不足，则会造成经营成本的加重。因此，要求经营者在经营方式上"多钻研"。

"花满屋"鲜花店开张 3 年来，业绩不错，以零售为主要销售渠道。正如前面所叙述，"花满屋"希望突破传统的经销方式，实现网络营销与传统营销双通道同时运行的新型鲜花营销模式，通过网络，突破时空限制，减少流通环节，降低交易成本，节省订购、支付和配送的时间，更可以通过该渠道得到不同需求和不同地域的客户，大大扩展了公司服务市场的覆盖面，增强公司的企业品牌，为公司创造更多的利润和更大的知名度。

11.1.2　确定网站风格

由于是鲜花网站，鲜花给人带来美好，让人感觉温馨，因此网站的风格确立为温馨、喜庆、青春与时尚。

在网站风格的建设方面，企业不仅要体现出网站的特色风格，还要符合浏览者及顾客的需求。通常首页是浏览者上网后看到网站的第一个内容，它是网站的门面。一个好的首页会给访问者留下深刻的印象，并吸引其对站点内容的进一步浏览。

1．网站整体布局图

经过考察与思考，确定网站整体布局如图 11-1 所示。

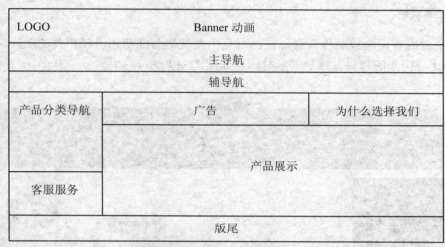

图 11-1　网页布局图

2．颜色

由于是鲜花网站，主要产品就是鲜花，花可以呈现很丰富的颜色，因此网页的主体颜色没有设定，背景就是默认的白底，只是在导航栏、一些分类标题栏处加以背景色或背景图像，为分块内容加上边框。颜色主要为红色和绿色，代表喜庆和青春。

3．文本

主体文本为 12px，主导航文本为 14px，分类标题文本为 16px，字体全为默认字体。

11.1.3　规划网站结构

本网站为在线鲜花网站，主要目的是在线销售鲜花，因此网站的主要内容就是销售不同场合需要的鲜花以及礼品。归纳起来大致有：鲜花、蛋糕、商务鲜花、绿植花卉、卡通花束、开业花篮、品牌公仔等，这样首页的主导航内容就出来了，网站结构如图 11-2 所示。

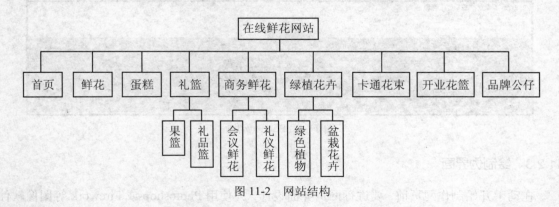

图 11-2　网站结构

11.2　任务 2：前期制作准备

任务目标：做好制作前的准备工作，包括搜集素材、绘制伪界面图、切图获取素材。在网站规划完成后，就要开始准备制作网站了。

11.2.1　搜集素材

根据主题内容搜集或制作素材，在此网页中要搜集与鲜花和蛋糕相关的图片，以及用于制作 Banner 与广告的素材。搜集的素材图片如图 11-3 所示。

图 11-3　搜集的素材图片

11.2.2　制作 Banner 动画

使用 Flash 软件在素材图片上制作蝴蝶在花上飞舞的动画。制作 LOGO 并放置在合适的位置，完成效果如图 11-4 所示。

图 11-4　Banner 动画

11.2.3　绘制伪界面

在动手开始制作网页前，要进行网页界面设计，并使用 Photoshop 或 Firework 等图像软件绘制出网页设计效果图，我们称之为伪界面。

通过前面的规划设计，在 Photoshop 中绘制出网页伪界面效果如图 11-5 所示。

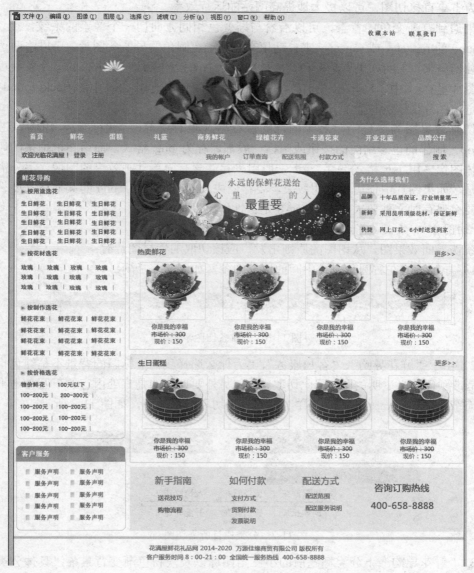

图 11-5　网页伪界面

在伪界面中，为了制作快速方便，文本与图片使用了直接复制的方式，在后面的网页制作中再进行更改。伪界面主要用来设计布局与外观。

11.2.4　拆分图纸获取素材

在网页编辑软件 Dreamweaver 中无法实现的效果就要考虑用图像来完成，例如圆角边框、颜色渐变效果，这些图就要在伪界面上通过切图来获得。

1. 切图的技巧与原则

把握一个原则，能用 CSS 编写的，坚决不要用图片。经验告诉我们，首页图片很多的网站打开会很慢，一是因为图片多，需要下载的文件体积就增大；二是每一个图片下载都会对服务器有一个请求，增大了浏览器与服务端的交互次数，如果能把纯色的部分用 CSS 来编写，而不因为省事直接切图，可以极大地提高网站的运行效率。

如果遇到有渐变色的背景，可以沿着与渐变色相同方向切一个像素的条纹，用 CSS 中 Background 的 repeat-x 或 repeat-y 来自动填充。对于有圆角的导航条图片，可以将两边的圆角部分单独切出来，中间如果有渐变色，也是只切一个像素的条纹，切出来的三个条纹可以合并到一张图片里（上、中、下或左、中、右），然后在网页中使用时用 CSS 中的 Background-position 属性来定位图片出现的位置。

在切割效果图的过程中，对于图片的保存格式也有讲究，一般来说，用图像工具（如 Photoshop）制作的色彩绚丽的按钮或图标一般都保存为 png 格式，而用相机拍摄的风景或人物、物体图像多用 jpg 格式保存，gif 一般用来存储含有简单动画效果的图像，另外需要注意的一点是，如果图片中使用了透明效果，要存储成 png-8 的格式，png 的其他格式要么不支持透明，要么保存时文件要大很多，png-8 是"性价比"最高的。

2. 切图分析

观察伪界面效果图，从切图的原则出发，应该切取的素材图片有：

（1）导航条的左右圆角以及中间的填充细条，如图 11-6 所示。

图 11-6　导航条切图示例

（2）由于"鲜花导购"、"客户服务"、"为什么选择我们"标题的背景不是纯色也不是渐变色，是带颜色的半透明的图，因此切取整图；另外要切取的是三处内容的下圆角边框以及中间的填充细条，由于三处的宽度一样，因此只需切取一次即可，如图 11-7 所示。

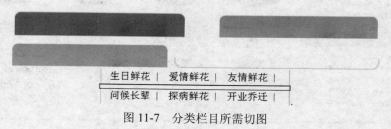

| 生日鲜花 | 爱情鲜花 | 友情鲜花 |
| 问候长辈 | 探病鲜花 | 开业乔迁 |

图 11-7　分类栏目所需切图

（3）"鲜花导购"下分类标题前的小三角图标以及淡粉色渐变背景条；具体分类内容后面的间隔竖线，如图 11-8 所示。

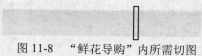

图 11-8　"鲜花导购"内所需切图

（4）"客户服务"内容前的小方块图标 。

（5）"为什么选择我们"中"品牌"、"新鲜"、"快捷"背景图，如图 11-9 所示。

图 11-9　"为什么选择我们"内容所需切图

（6）在 Photoshop 中制作的广告图，如图 11-10 所示。

图 11-10　广告切图

3．切图

（1）在 Photoshop 中打开伪界面 psd 文档。

（2）为了切图方便在"图层"面板中把要切图位置的文本隐藏。

（3）在工具栏中选择"切片"工具 ，按上述分析切取需要的图片。切图完成如图 11-11 所示。从图中可以看出，手动切取的图片编号显示为蓝色，由于切取而自动分割的其他切片编号显示为灰色。

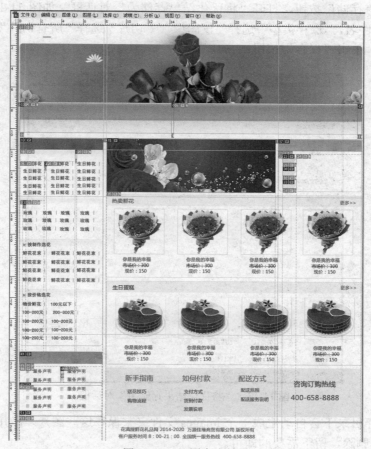

图 11-11　切图完成效果

（4）执行"文件"｜"存储为 Web 和设备所用格式"命令，打开"存储为 Web 和设备所用格式"对话框。在对话框右边的"预设"下拉列表中选择"JPGE 中"，如图 11-12 所示。

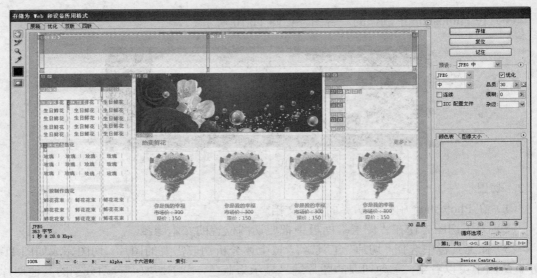

图 11-12　"存储为 Web 和设备所用格式"对话框

（5）单击"存储"按钮，打开"将优化结果存储为"对话框，如图 11-13 所示。选择保存路径，输入文件名，"保存类型"选择"仅图像"，"切片"选择"所有切片"（包括手动切的与自动生成的），单击"保存"按钮。

图 11-13　"将优化结果存储为"对话框

（6）在保存目录下会自动生成一个 images 文件夹来保存这些图片。打开 images 文件夹，把不需要的图片删除，留下需要的即可。

说明：如果觉得删除图片麻烦，也可以在"存储为 Web 和设备所用格式"对话框中按住 Shift 键同时选择需要的切片，选中的切片会高亮显示。然后在"将优化结果存储为"对话框中的"切片"下拉列表中选择"选中的切片"，这样就可只存储需要的切片。

11.3　任务 3：案例效果分析

任务目标：对案例效果进行分析，包括布局结构分析与外观效果分析，通过分析对案例有个清楚的认识与把握，为后面页面的制作提供依据与保障，以顺利快速地制作网页。

布局结构分析：从伪界面效果图可以看出，此页面从上往下由四个部分组成，顶部的 Banner 动画，往下是导航栏，再往下是主体内容，最后是版尾。主体内容由左右两部分组成，左边由"鲜花导购"与"客户服务"组成，右边从上往下又分为四块组成。因此该页面的布局结构如图 11-14 所示。

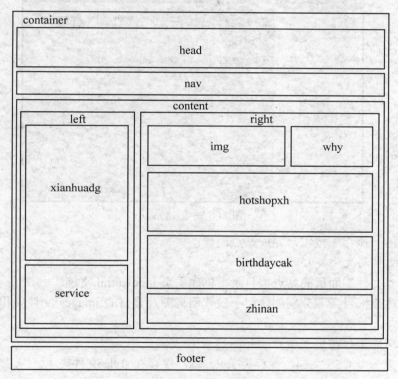

图 11-14　布局结构图

外观效果分析：从效果图上可以看出其外观效果为：

（1）导航部分有圆角矩形的背景。

（2）"鲜花导购"、"客户服务"、"为什么选择我们"外观相似，标题有圆角矩形背景，内容有圆角边框。

（3）"鲜花导购"中的分类标题前有小三角图标，有淡粉色渐变背景。"客户服务"内容前有小方块图标。"为什么选择我们"内部的"品牌"、"新鲜"、"快捷"有背景图。

（4）"热卖鲜花"与"生日蛋糕"外观相似，标题有背景色，内容有边框，内部的图片也有边框，图片下面的文字效果一样。"新手指南"有背景色。

实际效果请打开项目十一的网页查看。

11.4 任务 4：制作网页

11.4.1 创建站点

1．创建站点

（1）启动 Dreamweaver CS6，执行"站点" | "新建站点"命令，打开"站点设置对象"对话框，将"站点名称"设为"花满屋鲜花礼品网"，设置好"本地站点文件夹"，如图 11-15 所示。

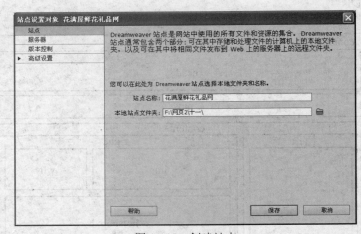

图 11-15　创建站点

（2）单击"保存"按钮，完成站点创建。

2．创建文件与文件夹

（1）在"文件"面板的站点根目录下创建主页 index.html 文档。

（2）在站点根目录下分别创建用于放置网页图片素材的 images 文件夹和放置 CSS 文件的 style 文件夹。

（3）将所需素材拷贝到站点的 images 文件夹内。

（4）新建一个 CSS 文档，保存为 style.css，保存在 style 文件夹下。

3．将 CSS 链接至页面

（1）打开 index.html 文档，展开"CSS 样式"面板，单击面板底部的图标按钮，弹出"链接外部样式表"对话框。

（2）在此对话框中，单击"浏览"按钮，将外部样式文件 style.css 链接到 index.html 页面中，如图 11-16 所示。

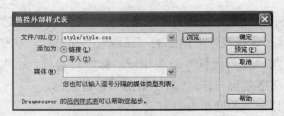

图 11-16　链接外部样式

11.4.2 搭建框架

按照前面分析的布局结构图搭建网页框架。

（1）打开 index.html 文件。

（2）将光标定位在"设计"视图中，在"插入"面板的"常用"选项卡中单击"插入 Div 标签"按钮，弹出"插入 Div 标签"对话框，在 ID 文本框中输入 container，如图 11-17 所示，然后单击"确定"按钮，即在页面中插入一个 ID 为 container 的 DIV。

（3）将光标定位在 container 的内部，在"插入"面板的"常用"选项卡中单击"插入 Div 标签"按钮，弹出"插入 Div 标签"对话框，在 ID 文本框中输入 head，如图 11-18 所示，然后单击"确定"按钮，即在 container 容器内部插入一个 ID 为 head 的 DIV。

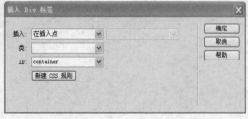
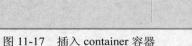
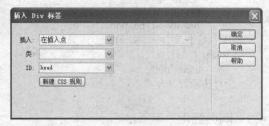

图 11-17 插入 container 容器   图 11-18 插入 head 容器

（4）将光标定位在"代码"视图中的 head 容器后，插入一个 ID 为 nav 的 DIV。

（5）用同样的方法按布局图所示插入各个 DIV 容器。

删除多余的文字。创建完成的结构代码如下所示：

```
<body>
<div id="container">
  <div id="head"></div>
  <div id="nav"></div>
  <div id="content">
    <div id="left">
      <div id="xianhuadg"></div>
      <div id="service"></div>
    </div>
    <div id="right">
      <div id="why"></div>
      <div id="hotshopxh"></div>
      <div id="birthdaycake"></div>
      <div id="zhinan"></div>
    </div>
  </div>
</div>
<div id="footer"></div>
</body>
```

初始化网页 CSS 规则代码如下所示：

```
*{margin: 0px;
    padding: 0px;}
body {
    font-size: 12px;
}
```

```
#container {
        width: 900px;
        margin-right: 0 auto;
}
a {
        color: #666;
        text-decoration: none;
}
a:hover {
        color: #C00;
        text-decoration: underline;
}
ul {
        margin: 0px;
        padding: 0px;
        list-style-type: none;
}
.clear {
        clear: both;
}/*清除浮动*/
```

11.4.3　网页细化

由于网页内容较多，比较复杂，因此在这里一部分一部分地制作。

1．head 部分制作

head 部分的内容包括 Banner 动画以及右上角的"收藏本站"、"联系我们"链接。插入相应内容，其结构代码如下所示：

```
<div id="head">
  <object...>  <!--头部banner动画-->
  <ul><li><a href="#">收藏本站
      </a></li>
    <li><a href="#">联系我们</a></li>
  </ul>
</div>
```

根据外观设计效果，创建 CSS 规则如下：

```
#head {                          #head ul li {
        position: relative;              float: left;
}                                        margin-left: 30px;
#head ul {                       }
        position: absolute;
        left: 668px;
        top: 10px;
        width: 199px;
}
```

保存网页，在浏览器中预览效果如图 11-19 所示。

图 11-19　head 预览效果

2. nav 部分制作

nav 部分由主导航与辅导航组成。导航采用 UL 来实现，其结构代码如下所示：

```
<div id="nav">————————————————放置中间背景
    <div id="nav-left">————————————————————放置左侧圆角背景
        <div id="nav-right">————————————————————放置右侧圆角背景
            <div id="navmain">   <!--主导航开始-->
                <ul>
                    <li><a href="#">首页</a></li>
                    <li><a href="#">鲜花</a></li>
                    <li><a href="#">蛋糕</a></li>
                    <li><a href="#">礼篮</a></li>
                    <li><a href="#">商务鲜花</a></li>
                    <li><a href="#">绿植花卉</a></li>
                    <li><a href="#">卡通花束</a></li>
                    <li><a href="#">开业花篮</a></li>
                    <li><a href="#">品牌公仔</a></li></ul></div>   <!--主导航结束-->
                <div id="navbot">   <!--辅导航开始-->
                    <div id="navbot_left"><a style="font-weight: bold; color: #903;" href="#">欢迎您来到花满
屋！</a><a href="#">登录</a><a href="#">注册</a></div>
                    <div id="navbot_right">
                        <ul>
                            <li><a href="#">我的账户</a></li>
                            <li><a href="#">订单查询</a></li>
                            <li><a href="#">付款方式</a></li>
                            <li><a href="#">配送范围</a></li>
                            <li> <form id="form1" name="form1" method="post" action=""><input name=""
type="text" /> <input type="submit" name="find" id="find" value="搜索" />
                            </form></li></ul></div>
                </div>   <!--辅导航结束-->
            </div>
        </div>
</div>
```

根据外观设计效果，创建 CSS 规则如下所示：

```
#nav {
        background: url(../images/nav1_bg.jpg) repeat-x;
}/*导航主体背景*/
#nav-left {
        background-image: url(../images/nav1_left.jpg) no-repeat left center;
}/*导航左侧圆角背景*/
#nav-right {
        background-image: url(../images/nav1_right.jpg) no-repeat right center;
        height: 81px;
}/*导航右侧圆角背景*/
#navmain {
        height: 45px;
}
#navmain ul li {
        float: left;
        line-height: 45px;
        height: 45px;
        margin-right: 27px;
```

```
                padding-left: 27px;
                font-size: 14px;
        }
        #navmain ul li a {
                color: #FFF;
                display: block;
                height: 45px;
                float: left;
                text-decoration: none;
        }
        #navmain ul li a:hover {
                color: #F60;
                background-color: #FFF;
        }
        #navbot {
                height: 36px;
                line-height: 36px;
        }
        #navbot_left {
                width: 250px;
                float: left;
                padding-left: 25px;
        }
        #navbot_left a {
                display: block;
                float: left;
                margin-right: 15px;
                color: #03F;
        }
        #navbot_left a:hover {
                color: #900;
        }
        #navbot_right {
                float: right;
                width: 490px;
        }
        #navbot_right ul li {
                float: left;
                margin-right: 20px;
        }
```

保存网页，在浏览器中预览效果如图 11-20 所示。

图 11-20 nav 预览效果

3. left 内容制作

left 部分由"鲜花导购"和"客户服务"组成。其结构代码如下所示：

```
<div id="left">
        <div id="xianhuadg"></div>
```

```
            <div id="service"></div>
        </div>
```

CSS 规则代码如下：

```
    #left {
            float: left;
            width: 220px;
    }
```

（1）"鲜花导购"部分制作。

"鲜花导购"分为："按用途选花"、"按花品选花"、"按制作选花"、"按价格选花"。

这几部分的外观一样，制作方法也一样，因此，以"按用途选花"为例进行讲解。这里面的内容都是文本，输入相应内容，其结构代码如下所示：

```
    <div id="xianhuadg" class="line">
        <h3>鲜花导购</h3>
        <div id="sp_list" class="circle">
        <dl>
        <h5>按用途选花</h5>
        <p><a href="#">生日鲜花</a></span><span><a href="#">爱情鲜花</a><a href="#">友情鲜花
    </a><a href="#">问候长辈</a><a href="#">探病鲜花</a><a href="#">开业乔迁</a><a href="#">生
    子恭贺</a></span><span><a href="#">商用礼仪</a><a href="#">道歉鲜花</a><a href="#">婚庆鲜
    花</a><a href="#">回报恩师</a><a href="#">祝福庆贺</a><a href="#">自选鲜花</a><a href="#">
    丧葬礼仪</a><a href="#">事业升迁</a></p></dl>
    </div></div>
```

根据外观设计效果，创建 CSS 规则如下所示：

```
    h3{
            height: 34px;
            font-size: 16px;
            line-height: 34px;
            color: #FFF;
            padding-left: 10px;
    }
    #xianhuadg h3 {
            background: url(../images/xianhuanxg_bg.jpg) no-repeat;
    }/*鲜花导购背景图*/
    #sp_list {
            padding-bottom: 20px;
            margin-bottom: 15px;
    }
    #sp_list dl {
            background: url(../images/yongtu_bg.jpg) repeat-x top; /*按用途选花淡粉色背景图*/
            padding: 5px 0px 0px 10px;
            margin: 0px 1px;
            clear: both;
    }
    #sp_list dl h5 {
            background: url(../images/icon.jpg) no-repeat left center; /*按用途选花前的小三角图标*/
            padding-left: 14px;
```

```
            color: #666;
            margin-bottom: 10px;
    }
    p a {
            background: url(../images/line.jpg) no-repeat right center; /*每条内容后的分隔竖线*/
            display: block;
            float: left;
            margin: 0px 13px 10px 0px;
            padding-right: 8px;
    }
    .line {
            background: url(../images/list_bg.jpg) repeat-y; /*鲜花导购两侧边框线*/
    }
    .circle {
            background: url(../images/circle.jpg) no-repeat left bottom; /*鲜花导购下圆角边框*/
    }
```

保存网页，在浏览器中预览效果如图 11-21 所示。

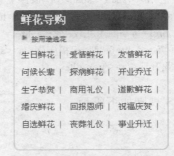

图 11-21　"按用途选花"预览效果

制作"按花品选花"、"按制作选花"、"按价格选花"内容，只需把"按用途选花"结构中的<dl></dl>之间的代码复制粘贴在后面，修改内容文本即可。

（2）"客户服务"部分制作。

"客户服务"部分与"鲜花导购"部分效果相似。在这里我们采用 UL 来实现。

其结构代码如下所示：

```
<div id="service" class="line"><h3>客户服务</h3>
  <div id="service_list" class="circle">
  <ul>
   <li><a href="#">服务声明</a></li>
   <li><a href="#">境外支付</a></li>
   <li><a href="#">配送范围</a></li>
   <li><a href="#">取消订单</a></li>
   <li><a href="#">订单查询</a></li>
  </ul>
  <ul>
   <li><a href="#">支付说明</a></li>
   <li><a href="#">配送说明</a></li>
   <li><a href="#">补交货款</a></li>
```

```
        <li><a href="#">安全条款</a></li>
        <li><a href="#">隐私条款</a></li>
    </ul></div></div>
```

根据外面设计效果，创建 CSS 规则如下所示：

```
#service h3 {
        background: url(images/service_bg.jpg) no-repeat;
}/*客户服务背景图*/
#service_list {
        height: 150px;
}
#service_list ul li {
        background: url(images/icon2.jpg) no-repeat left center; /*
每条内容前的小方块图标*/
        padding: 5px 0px 5px 14px;
}
#service_list ul {
        float: left;
        margin: 10px 20px 0px 10px;
}
```

保存网页，在浏览器中预览效果如图 11-22 所示。

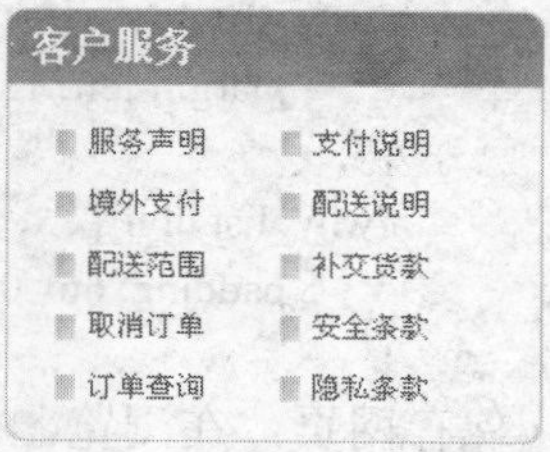

图 11-22　"客服服务"预览效果

4. right 内容制作

根据布局分析，right 部分从上往下由四部分组成，其结构代码如下所示：

```
<div id="right">
    <div id="right_top"></div>
    <div id="hotshopxh"></div>
    <div id="birthdaycake"></div>
    <div id="zhinan"></div>
</div>
```

右侧内容 CSS 初始化：

```
#right {
        float: right;
        width: 668px;
}
```

（1）顶部 right_top 内容制作。

顶部内容由一张广告图片与"为什么选择我们"组成。插入相应内容，其结构代码如下：

```
<div id="right_top">
<img src="images/photo.jpg" width="435" height="144" />
<div id="why" class="line"><h3>为什么选择我们</h3>
    <div id="why_list" class="circle">
        <ul>
        <li class="list1">品牌      10 年品质保证，行业销量第一</li>
        <li class="list2">新鲜      采用昆明顶级花材，保证新鲜</li>
        <li class="list3">快捷      网上订花，6 小时内送货到家</li>
        </ul>
    </div></div></div>
```

根据外观设计效果，创建 CSS 规则如下所示：

```
#right_top {
    margin-bottom: 8px;
}
#right img {
    float: left;
    margin-right: 6px;
}
#why {
    width: 220px;
    float: right;
}
#why_list ul {
    margin-left: 12px;
}
#why_list ul li {
    padding: 6px 0px 9px 5px;
}
```

```
.list1 {
    background: url(../images/why_pinpai_bg.jpg) no-repeat left center;
    margin-top: 5px;
}
.list2 {
    background: url(../images/why_kb_bg.jpg) no-repeat left center;
}
.list3 {
    background: url(../images/why_kj_bg.jpg) no-repeat left center;
    margin-bottom: 5px;
}
```

保存网页，在浏览器中预览效果如图 11-23 所示。

图 11-23　right_top 预览效果

（2）"热卖鲜花"内容制作。

"热卖鲜花"部分由标题与鲜花图片展示构成，插入相应内容，其结构代码如下所示：

```
<div id="hotshopxh" class="zping">
    <div class="top">
        <h3>热卖鲜花</h3>
        <p class="more"><a href="#">更多>></a></p>
    </div>
    <div class="clear">
        <ul><img src="images/h1.jpg" width="138" height="140" /><a class="title" href="#">你是我的幸福</a><br /><span class="sprice">市场价：&yen;300</span><br />
        现价：<span class="xprice">&yen;150</span>
        </ul>
        <ul><img src="images/h2.jpg" width="138" height="140" /><a class="title" href="#">爱你没商量</a><br /><span class="sprice">市场价：&yen;198</span><br />
        现价：<span class="xprice">&yen;98</span>
        </ul>
        <ul><img src="images/h3.jpg" width="138" height="140" /><a class="title" href="#">心心相印</a><br /><span class="sprice">市场价：&yen;200</span><br />
        现价：<span class="xprice">&yen;100</span>
```

```
        </ul>
        <ul><img src="images/h4.jpg" width="138" height="140" /><a class="title" href="#">一见倾
心</a><br /><span class="sprice">市场价：&yen;168</span><br />
            现价：<span class="xprice">&yen;68</span>
        </ul>
        </div>
    </div>
```

根据外观设计效果，创建 CSS 规则如下所示：

```
.zping {
    height: 250px;
    margin-top: 10px;
    border: 1px solid #CCC;
}
.top {
    height: 32px;
    background-color: #CCC;
}/*热卖鲜花标题背景色*/
.top h3 {
    color: #F00;
    float: left;
}
.more {
    float: right;
    line-height: 32px;
    height: 32px;
}
```

```
.zping ul {
    margin: 10px 0px 6px13px;
    float: left;
    width: 140px;
    text-align: center;
}
.zping ul img {
    border: 1px solid #CCC;
    margin-bottom: 8px;
}/*图像边框*/
```

保存网页，在浏览器中预览效果如图所示 11-24 所示。

"生日蛋糕"部分与"热卖鲜花"外观一样，只需把"热卖鲜花"部分结构代码进行复制，修改一下图片与文本内容以及 DIV 的 ID 名称即可，在此不再介绍。

图 11-24　"热卖鲜花"预览效果

（3）"指南"内容制作。

"指南"部分内容都是文本，输入相应文本，在此还是用 UL 来实现，其结构代码如下所示：

```
<div id="zhinan">
    <ul class="zn_list">
        <li class="bt">新手指南</li>
        <li><a href="#">送花技巧</a></li>
        <li><a href="#">购物流程</a></li>
    </ul>
    <ul class="zn_list">
```

```
        <li class="bt">如何付款</li>
        <li><a href="#">支付方式</a></li>
        <li><a href="#">货到付款</a></li>
    </ul>
    <ul class="zn_list">
        <li class="bt">配送方式</li>
        <li><a href="#">配送范围</a></li>
        <li><a href="#">配送服务说明</a></li>
    </ul>
    <ul class="call">
        <li><span style="margin-bottom: 8px; color: #00F;">咨询定购热线</span></li>
        <li><span style="color: #F00;">400-658-8888</span></li>
    </ul>
    </div>
    </div><div class="clear"></div>
```

根据外观设计效果，创建 CSS 规则代码如下所示：

```
#zhinan {
    background-color: #DDD;
    height: 90px;
    margin-top: 8px;
}
.zn_list {
    float: left;
    width: 100px;
    margin:0px 40px 0px 20px;
    text-align: center;
    margin-top: 8px;
}
.zn_list li {
    margin-top: 7px;
}
```

```
.bt {
    font-size: 16px;
    font-weight: bold;
    color: #444;
    padding-bottom: 3px;
    text-decoration: underline;
}
.call {
    font-size: 16px;
    font-weight: bold;
    margin-top: 25px;
}
```

保存网页，在浏览器中预览效果如图 11-25 所示。

图 11-25 "指南"预览效果

5. 版尾 footer 制作

版尾内容为版权声明文本，输入相应文本，其结构代码如下所示：

```
<div id="footer">
    <p>花满屋鲜花礼品网  2014-2020  佳各商贸有限公司  版权所有<br />
    客户服务时间  8：00-21：00  全国统一服务热线  400-658-8888
    </p>
</div>
```

根据外观设计效果，创建 CSS 规则如下所示：

```
#footer {
    text-align: center;
    height: 40px;
    margin-top: 10px;
    border-top: solid 1px #CCC;
    padding-top: 20px;
}
```

保存网页，在浏览器中预览效果如图 11-26 所示。

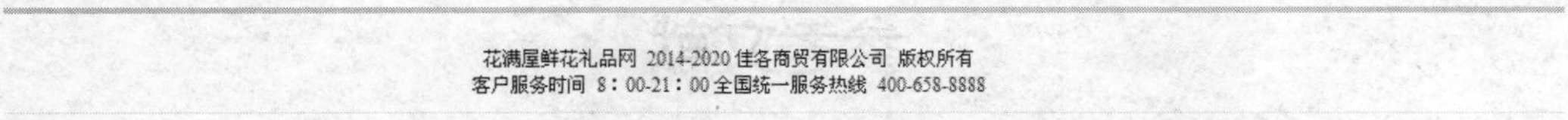

图 11-26 "版尾"预览效果

至此，首页制作完毕，保存网页，在浏览器中预览效果如图 11-27 所示。

图 11-27 最终效果

思考练习

简答题

1、简述网站制作流程。

2、网页伪界面切图获取素材的原则。

3、给一个带文字的标题添加一个背景图，如果不想标题的文字显示在浏览器上，应该如何处理，你能想到几种方法来处理？

4、有一个圆角矩形图要作为网页某部分的背景图，要让这个圆角矩形区域的宽或者高按内容进行自适应，该如何做？

拓展训练

自选主题，按照网站制作流程自己动手设计并制作一个网站的首页。

参考文献

[1] 张晓蕾. 网页设计与制作案例教程（HTML+CSS+Dreamweaver）. 北京：清华大学出版社，2013.

[2] 李敏. Dreamweaver 网页设计与制作案例教程. 北京：中国人民大学出版社，2010.

[3] 刘涛等. Dreamweaver CS4 开发标准布局 Web2.0 网站. 北京：清华大学出版社，2009.